ChatGPT 应用开发

刘 鹏 主编

电子工业出版社
Publishing House of Electronics Industry
北京·BEIJING

内 容 简 介

ChatGPT 是美国 OpenAI 公司推出的人工智能聊天机器人程序，其能够像人类一样聊天和交流，甚至能完成写文案、翻译、写代码等任务。本书阐述如何将 ChatGPT 技术应用于多种场景，特别介绍了通过编程与 ChatGPT 对接的方法，从而实现各种令人惊叹的智能应用。本书提供了大量的应用实现方法和实践经验，希望能帮助读者快速构建基于 ChatGPT 的应用系统。本书共 9 章，第 1 章介绍 ChatGPT 应用模式，接下来的每章都详细介绍一个特定领域，包括自动编程、文本翻译、智能写作、交互机器人开发、图像应用开发、数据库应用开发、3D 开发、金融分析应用开发等。

本书适合作为 ChatGPT 应用开发人员的参考书。

图书在版编目（CIP）数据

ChatGPT 应用开发 / 刘鹏主编. —北京：电子工业出版社，2024.1
ISBN 978-7-121-46990-9

Ⅰ. ①C… Ⅱ. ①刘… Ⅲ. ①人工智能 Ⅳ. ①TP18

中国国家版本馆 CIP 数据核字（2024）第 009982 号

责任编辑：冯 琦　　特约编辑：刘广钦
印　　刷：三河市良远印务有限公司
装　　订：三河市良远印务有限公司
出版发行：电子工业出版社
　　　　　北京市海淀区万寿路173信箱　　邮编：100036
开　　本：720×1 000　1/16　印张：18.75　字数：300千字
版　　次：2024 年 1 月第 1 版
印　　次：2024 年 6 月第 2 次印刷
定　　价：85.00元

编 委 会

前　言

　　未来已至，人工智能列车正呼啸而来。ChatGPT 的问世及新技能的不断解锁，为人工智能领域带来尤为重要的技术突破，引发了一场新的人工智能革命。马斯克直言，"ChatGPT 表现得非常好，我们离危险的强大人工智能不远了"，比尔·盖茨表示，"ChatGPT 将改变我们的世界"。

　　身处人工智能的"重要转折时刻"，面对发展远超预期的 ChatGPT，科技企业和相关从业者、研究者了解并拥抱这一变革刻不容缓。我们只有借助 ChatGPT 这一前沿技术，把握科技发展的脉搏，成为工具的主人，才能更好地迎接未知。

　　在发展的浪潮下，《ChatGPT 应用开发》适时问世，本书聚焦自动编程、文本翻译、智能写作、交互机器人、图像、数据库、3D、金融分析等热门应用领域，提供 ChatGPT 技术在这些领域的应用方法和实践经验，为读者打开 ChatGPT 世界的大门。

　　我们衷心希望本书可以帮助读者掌握 ChatGPT 的系统知识与基本方法，读懂关于 ChatGPT 及 AIGC 的科技洞察与深度思考，在建立 ChatGPT 技术底座的同时，了解正在发生的社会百业变革，体会 ChatGPT 在实际应用中的精妙之处。

本书编委会
2024 年 1 月

目　录

第1章

ChatGPT 应用模式

ChatGPT 是一种基于 GPT 模型的自然语言处理模型，可以应用于多种场景和模式。它可以完成单轮问答、多轮对话、情感分析等任务，还可以作为客服机器人、虚拟助手和聊天应用程序等应用的核心技术。ChatGPT 的应用模式非常灵活，可以在多种场景中应用，如智能客服、个性化助手、语音助手等，能够满足不同用户的需求，为用户提供更好的服务和增强用户体验。

学习重点

◎ 了解 ChatGPT。

◎ 了解 ChatGPT 的应用模式。

◎ 了解 ChatGPT 的应用实例。

1.1 ChatGPT 简介

ChatGPT（Chat Generative Pre-trained Transformer）是美国 OpenAI 研发的聊天机器人程序，于 2022 年 11 月 30 日发布。ChatGPT 是由人工智能技术驱动的自然语言处理工具，它能够通过理解和学习人类的语言来进行对话，还能根据聊天的上下文进行互动，真正像人类一样进行交流，甚至能完成写邮件、视频脚本、文案、代码、论文，以及翻译等任务。

ChatGPT 的核心技术是基于 OpenAI 的 GPT（Generative Pre-trained Transformer）模型，该模型是一种预训练语言生成模型，可以生成与输入语句相关的连续文本。GPT 模型在语言理解方面表现出了很高的精度和效率，因此，在 ChatGPT 中得到了广泛应用。ChatGPT 在此基础上进行了优化和改进，可以更好地理解和回答用户的问题。ChatGPT 可以应用于各种场景，如在线客服、智能导航、个性化推荐等，它可以帮助企业和个人提高工作效率、降低成本、提升用户体验。例如，在在线客服场景中，ChatGPT 可以根据用户的问题快速给出答案或建议，从而节省客服人员的时间和精力；在智能导航场景中，ChatGPT 可以根据用户的需求和地理位置提供最佳的导航方案，从而节省用户的出行时间和成本；在个性化推荐场景中，ChatGPT 可以根据用户的兴趣和偏好推荐合适的产品或服务，从而提升用户的满意度和忠诚度。作为一个人工智能语言模型，ChatGPT 的发展历程是从 GPT-1、GPT-2、GPT-3 到最新的 GPT-4。

1. GPT-1

2018 年 6 月，OpenAI 推出了 GPT-1，这是一种基于神经网络的自然语言处理模型。GPT-1 有 1.5 亿个参数，可以生成一些简单的对话和文章。

2. GPT-2

2019 年 2 月，OpenAI 推出了 GPT-2，这是一种有 1.5 亿～15 亿个参数

的强大的自然语言处理模型。GPT-2 可以生成几乎与人类水平相似的语言，包括文章、对话、新闻报道和诗歌等。GPT-2 引起了广泛的关注和讨论，并因其可能造成的滥用而被限制访问。

3. GPT-3

2020 年 6 月，OpenAI 推出了 GPT-3。作为强大的自然语言处理模型，GPT-3 有 1.75 万亿个参数。GPT-3 可以处理各种自然语言任务，具有文章写作、机器翻译、对话生成、问答系统、摘要生成、推理和分类等功能。它可以产生非常流畅和自然的语言，并在许多基准测试中刷新了纪录。

4. GPT-4

2023 年 3 月 14 日，OpenAI 发布了 GPT-4，这是 OpenAI 努力扩展深度学习的新里程碑。GPT-4 是一个大型多模态模型（接收图像和文本输入，输出文本），虽然其在许多现实场景中的能力不如人类，但在各种专业和学术基准上表现出与人类相近的水平。

5. ChatGPT

在 GPT-3 的基础上，OpenAI 训练了一种针对对话生成的语言模型——ChatGPT。ChatGPT 专注于生成自然的对话，并可以进行情感识别和多轮对话。ChatGPT 可以用于各种应用程序，如客服机器人、虚拟助手和聊天应用程序等。

1.2　应用模式

ChatGPT 是一个通用的大型语言模型，可以应用于多个领域，逐渐成为人工智能领域不可或缺的技术之一。随着技术的不断进步和应用的不断扩展，ChatGPT 的应用模式也不断扩展和完善，带来更多的应用场景和商业机会。

1.2.1　自动编程

ChatGPT 是一种自然语言处理技术，可以通过对话的形式与人类进行交互和沟通。在自动编程方面，ChatGPT 有以下 4 种应用模式。

（1）代码生成：ChatGPT 可以通过对话的形式生成代码。例如，根据用户的需求、输入和输出，生成相应的代码，可以大大简化编程过程，提高编程效率。

（2）代码自动补全：ChatGPT 可以通过对已有代码的分析和理解，为用户提供代码自动补全功能，帮助用户快速编写代码，减少错误和重复工作。

（3）代码审查：ChatGPT 可以通过对已有代码的分析和理解，为用户提供代码审查功能，帮助用户发现代码中的错误和潜在问题，提高代码的质量和可读性。

（4）代码优化：ChatGPT 可以通过对已有代码的分析和理解，为用户提供代码优化建议，帮助用户优化代码结构和算法，提高代码性能和效率。

1.2.2　智能客服

ChatGPT 可以用于实现智能客服，为用户提供更加高效、准确的服务，通常包括以下 5 种智能客服应用模式。

（1）自然语言理解：ChatGPT 可以通过自然语言处理技术对用户输入的文本进行分析和理解，识别用户的意图和需求。

（2）知识库查询：ChatGPT 可以查询预先构建的知识库，获取与用户需求相关的信息和答案。知识库可以包括常见问题、产品说明、操作指南等内容。

（3）对话生成：ChatGPT 可以根据用户的需求和输入，生成相应的回答或解决方案。如果预先构建的知识库无法满足用户需求，ChatGPT 也可以通过自动生成对话的方式，与用户进行交互和沟通，进一步了解用户的需求和问题。

（4）回答展示：ChatGPT 可以将生成的回答或解决方案展示给用户，以便用户更好地理解和应用。

（5）问题反馈：ChatGPT 可以通过对话的形式向用户询问和反馈，了解用户对回答或解决方案的满意度和改进意见，从而不断优化智能客服的质量和效率。

1.2.3　自然语言处理

ChatGPT 是一种自然语言处理技术，被广泛应用于多个领域。以下是 5 种常见的自然语言处理应用模式。

（1）语音识别：ChatGPT 可以通过对语音信号的分析和理解，将语音转换为文本，帮助人们与计算机进行交互和沟通，如语音助手、电话客服等。

（2）文本分类：ChatGPT 可以对文本进行分类，如情感分析、垃圾邮件过滤等，帮助人们更好地理解和处理大量文本数据。

（3）机器翻译：ChatGPT 可以将一种语言的文本翻译成另一种语言的文本，帮助人们跨越语言障碍，促进不同国家和地区之间的交流和合作。

（4）智能问答：ChatGPT 可以通过对用户输入的问题进行分析和理解，生成相应的回答或解决方案，帮助人们快速获取所需信息，提高工作和学习效率。

（5）自动摘要：ChatGPT 可以对一篇文章进行分析和理解，自动生成摘要，帮助人们快速了解文章的主要内容和要点，节省时间和精力。

1.2.4　智能写作

ChatGPT 可以通过自然语言处理技术实现智能写作，为人们提供更加高效、准确的写作服务。5 种常见的智能写作应用模式如下。

（1）文章生成：ChatGPT 可以根据用户输入的关键词或主题，自动生成一篇文章，因此可以用于快速生成大量文章，如新闻报道、产品介绍等。

（2）文章摘要：ChatGPT 可以对一篇文章进行分析和理解，自动生成文章的摘要，帮助人们快速了解文章的主要内容，节省时间和精力。

（3）语言纠错：ChatGPT 可以对用户输入的文本进行分析和纠错，帮助用户修正语法、拼写和标点等错误，提高写作质量和效率。

（4）句子生成：ChatGPT 可以根据用户输入的关键词或主题，自动生成一些句子，帮助人们快速生成口号、广告语等短文本。

（5）内容推荐：ChatGPT 可以通过对用户需求和兴趣的分析和理解，推荐相应的内容，帮助人们更好地发掘和利用信息资源。

1.2.5 数据分析

ChatGPT 可以通过自然语言处理技术实现数据分析，为人们提供更加高效、准确的数据分析服务。5 种常见的数据分析应用模式如下。

（1）文本挖掘：ChatGPT 可以对大量文本数据进行分析和挖掘，从中发现隐藏的信息和规律，帮助人们了解用户需求和兴趣，优化产品设计和营销策略等。

（2）情感分析：ChatGPT 可以对文本进行情感分析，识别其中的情感倾向和情感强度，帮助人们了解用户对产品或服务的态度和反应，从而优化产品和服务。

（3）主题建模：ChatGPT 可以对大量文本数据进行主题建模，识别其中的主题和关键词，帮助人们了解用户需求和兴趣，优化产品设计和营销策略等。

（4）实体识别：ChatGPT 可以对文本进行实体识别，识别其中的人名、地名、机构名等实体信息，帮助人们了解用户需求和兴趣，优化产品设计和营销策略等。

（5）问答系统：ChatGPT 可以通过对大量文本数据进行分析和理解，生成相应的问题和答案，帮助人们快速获取所需信息，提高工作和学习效率。

1.2.6　自动化写作

ChatGPT 作为一种强大的语言模型，可以进行自动化写作，即通过对大量文本数据的学习，生成符合人类语言表达习惯和语法规则的内容。

ChatGPT 的自动化写作技术可以应用于多个领域，如新闻报道、广告文案、营销邮件、科技论文等。与传统写作相比，自动化写作有许多优势。

首先，自动化写作可以大幅提高写作效率。使用自动化写作技术，可以快速生成大量的文本内容，节省人工写作所需要的时间和人力成本。

其次，自动化写作可以提高文章质量。由于 ChatGPT 具有强大的语言生成能力，所以生成的文章往往具有较高的语言流畅性和连贯性，且避免了人为因素对文章质量的影响。

最后，自动化写作还可以实现个性化的文本生成。ChatGPT 可以根据用户需求和数据训练的差异，生成具有不同风格、不同长度、不同主题的文本内容，从而满足不同用户的需求。不过，自动化写作技术也存在一些挑战和限制。例如，只有利用大量的训练数据，才能具有较高的文本生成质量；自动化写作需要由人进行后期编辑和修改，以保证文章的质量和可读性。

1.2.7　医疗健康

ChatGPT 在医疗健康领域的应用覆盖了多个方面，4 种常见的医疗健康应用模式如下。

（1）疾病诊断与预测：ChatGPT 可以基于大量的医学文献和临床数据，利用自然语言处理技术，进行疾病诊断和预测。例如，可以根据患者的症状和病史，自动生成对应的诊断结果或疾病预测报告。

（2）药物研发和治疗方案设计：ChatGPT 可以应用于药物研发和治疗方案设计。利用自然语言处理技术，ChatGPT 可以自动生成大量的药物作用机制和提出治疗方案建议，为药物研发和治疗提供指导和支持。

（3）医学知识问答：ChatGPT 可以应用于医学知识问答，帮助医生和患者快速获取医学知识和信息。例如，患者可以向 ChatGPT 咨询某种疾病的症状和治疗方案，ChatGPT 可以自动回答患者的问题。

（4）健康管理和智能监测：ChatGPT 可以应用于健康管理和智能监测，通过分析和学习患者的生理数据和行为数据，提供健康建议和监测报告。例如，ChatGPT 可以根据患者的生理数据和行为数据，自动识别患者的健康状况和所面对的风险，并提供相应的建议和进行监测。

1.2.8　法律服务

ChatGPT 在法律服务领域的应用模式，主要涵盖以下 4 个方面。

（1）法律咨询：ChatGPT 可以应用于法律咨询，帮助用户解答各种法律问题。例如，用户可以向 ChatGPT 提出自己面对的法律问题，ChatGPT 可以自动分析和理解问题，并给出相应的答案和建议。

（2）法律文书写作：ChatGPT 可以应用于法律文书写作，如合同、起诉状、申诉书等。ChatGPT 可以根据用户提供的信息和要求，自动生成符合法律规范和标准的文书。

（3）法律智能搜索：ChatGPT 可以应用于法律智能搜索，帮助用户快速获取法律信息和资料。例如，用户可以向 ChatGPT 提出某个法律问题或给出关键词，ChatGPT 可以自动搜索相关的法律文献和资料，并提供相关的信息和链接。

（4）法律数据分析：ChatGPT 可以应用于法律数据分析，帮助律师和法律团队分析和预测案件结果。例如，律师可以将案件数据输入 ChatGPT，让其自动分析案件情况和各方面数据，并给出预测结果和建议。

1.2.9　舆情分析

在舆情分析领域，ChatGPT 可以帮助企业和政府机构更好地了解公众的看法和态度，以及对事件和话题的反应和影响。ChatGPT 在舆情分析领域的应用模式如下。

（1）舆情监测：ChatGPT 可以应用于舆情监测，帮助企业和政府机构实时跟踪和监测公众的看法和态度，以及对事件和话题的反应和影响。例如，企业可以将自己的品牌和产品关键词输入 ChatGPT，让其自动分析和监测网络上的相关信息。

（2）舆情分析：ChatGPT 可以应用于舆情分析，帮助企业和政府机构对舆情进行深度分析和挖掘。例如，企业可以将舆情数据输入 ChatGPT，让其自动分析和挖掘各种关键词及情感、趋势等信息，并生成相应的报告和分析结果。

（3）舆情预警：ChatGPT 可以应用于舆情预警，帮助企业和政府机构及时掌握和应对突发事件和舆情风险。例如，企业可以将舆情数据输入 ChatGPT，让其自动预测和分析可能出现的舆情风险和影响，并发出预警和提供相应的应对方案。

1.3　习题

1. 判断题

（1）ChatGPT 就是 GPT-4。（　　　）

（2）ChatGPT 的应用模式非常多。（　　　）

（3）ChatGPT 是一个自然语言处理模型。（　　　）

2. 填空题

（1）ChatGPT 的发布日期是＿＿＿＿＿＿＿＿＿＿＿＿＿＿＿＿＿＿。

（2）ChatGPT 的核心技术模型是＿＿＿＿＿＿＿＿＿＿＿＿＿＿＿＿。

（3）ChatGPT 的应用模式有＿＿＿＿＿＿种。

3．问答题

（1）ChatGPT 的发展历程是怎样的？

（2）ChatGPT 的应用模式有哪些？

（3）ChatGPT 在自动编程中的应用有哪些优势？

第 2 章

ChatGPT 自动编程

自动编程是一种使用计算机程序生成代码的技术,可以大大提高软件开发的效率和质量。其可以自动运行一些烦琐的任务,如调试和测试,能够减少人为错误和重复劳动,从而提高软件的可靠性和稳定性。本章详细介绍自动编程的概念、优点、应用,以及存在的挑战和限制。

学习重点

◎了解自动编程的概念。

◎掌握自动编程工具的使用方法。

◎了解 ChatGPT 插件的开发与使用。

2.1 自动编程概述

自动编程指用计算机程序生成代码，而不是手动编写代码。自动编程可以通过多种方式实现，如代码生成、模板匹配、规则引擎等。自动编程的优点之一是可以提高软件开发效率。由于自动编程可以自动运行一些烦琐的任务，如调试和测试，所以可以节省开发人员的时间和精力。此外，自动编程可以提高代码的质量，因为它能够减少人为错误和重复劳动，从而减少代码中的漏洞和缺陷。自动编程还可以提高软件的可维护性和可扩展性，因为它可以生成易于理解和修改的代码。

自动编程的应用领域非常广，包括机器学习、人工智能、自然语言处理等。例如，在机器学习领域，可以通过自动编程来生成模型，从而加快模型的训练和优化过程；在人工智能领域，可以通过自动编程来实现智能代理，从而提高智能代理的效率和性能；在自然语言处理领域，可以通过自动编程进行文本分析和语音识别，从而增强应用程序的性能。虽然自动编程有很多优点，但其也存在一些挑战和限制。

首先，自动编程需要具有一定的领域知识和技能，否则可能导致生成的代码不准确或不完整；其次，自动编程存在一些技术限制，如代码生成的效率和质量限制、规则引擎的表达能力限制等；最后，自动编程存在一些伦理和法律问题，如智能代理的安全和隐私问题、自动化决策的责任问题等。

自动编程是一种非常有用的技术，它可以大大提高软件的开发效率和质量，减少人为错误和重复劳动。虽然自动编程存在一些挑战和限制，但它已经成为现代软件开发的重要组成部分，并在不断发展和改进中。未来，随着人工智能和机器学习等技术的不断发展，自动编程将更加普及。

2.1.1　基于规则的自动编程

基于规则的自动编程是一种自动生成代码的方法，它使用预定义的规则和模板来生成代码。这种方法可以快速、准确地生成大量代码，并且可以保证代码的质量和一致性。本节详细介绍基于规则的自动编程的概念、优点、应用，以及存在的挑战和限制。

这些规则和模板可以是由人编写的，也可以是根据已有的代码自动生成的。基于规则的自动编程可以通过多种方式实现，如模板匹配、语法分析、规则引擎等。在模板匹配中，程序会根据预定义的模板来生成代码；在语法分析中，程序会分析输入的代码，并根据语法规则生成新的代码；在规则引擎中，程序会根据预定义的规则和条件来生成代码。示例如下。

```
#定义问题
input_str = "hello world"
output_str = ""


#设计规则
#遍历输入字符串中的每个字符
#将每个字符插入输出字符串的开头


#编写代码生成器
for char in input_str:
    output_str = char + output_str


#输出结果
print(output_str) # "dlrow olleh"
```

在上述示例中，首先定义了问题，即输入一个字符串，输出反转后的字符串；其次设计了一组规则，遍历输入字符串的每个字符，并将其插入输出字符串的开头；最后编写了代码生成器，遵循规则自动生成字符串反转代码。

基于规则的自动编程有很多优点。第一，它可以快速、准确地生成大量的代码。由于规则和模板已经预定义好了,所以可以大大节省人工编写代码的时间和精力。第二,它可以保证代码的质量和一致性。由于代码是根据预定义的规则和模板生成的,所以可以保证代码的结构和风格的一致性。第三,基于规则的自动编程还可以提高软件的可维护性和可扩展性,因为它可以生成易于理解和修改的代码。

基于规则的自动编程的应用非常广泛,可用于机器学习、人工智能、自然语言处理等领域。例如,在机器学习领域,基于规则的自动编程可以用于生成模型的代码,从而加速模型的训练和优化;在人工智能领域,基于规则的自动编程可以用于生成智能代理的代码,从而提高智能代理的效率和性能;在自然语言处理领域,基于规则的自动编程可以用于生成文本分析和语音识别的代码,从而增强这些应用程序的功能和性能。

2.1.2　基于机器学习的自动编程

基于机器学习的自动编程是一种使用机器学习算法生成代码的技术,它可以大大提高软件开发的效率和质量。本节详细介绍基于机器学习的自动编程的概念、优点、应用,以及存在的挑战和限制。

基于机器学习的自动编程是一种使用机器学习算法生成代码的技术。它可以通过训练机器学习模型来自动生成代码,从而节省人工编写代码的时间和精力。基于机器学习的自动编程可以通过多种方式实现,如神经网络、决策树、遗传算法等。在神经网络中,程序会根据输入数据和预定义的神经网络结构生成代码;在决策树中,程序会根据输入数据和预定义的决策树生成代码;在遗传算法中,程序会根据预定义的遗传算法生成代码。

示例如下。

```
import numpy as np
from keras.models import Sequential
from keras.layers import Dense


#构造数据
```

```
X = np.array([[1, 2, 3], [4, 5, 6], [7, 8, 9]])
y = np.array([5, 10, 15])

#构造神经网络模型
model = Sequential()
model.add(Dense(1, input_dim=3))
model.compile(loss='mse', optimizer='sgd')

#拟合数据
model.fit(X, y, epochs=1000, verbose=0)

#进行预测
x_test = np.array([[10, 11, 12]])
y_pred = model.predict(x_test)


print(y_pred) #输出[[24.999998]]
```

在上述示例中，首先构造了输入数据 X 和对应的标签 y；其次使用 Keras 库构造了简单的神经网络模型，并对数据进行训练；最后使用训练好的模型对新的输入数据进行预测，并输出预测结果。这个示例展示了基于机器学习的自动编程的一种应用场景，即通过训练模型来自动生成代码并完成任务。

基于机器学习的自动编程有很多优点。第一，它可以自动生成代码，从而节省人工编写代码的时间和精力。第二，它可以提高代码的质量和一致性。由于机器学习模型可以学习已有的代码，并根据学习结果生成新的代码，所以可以保证新的代码与已有的代码在结构和风格上的一致性。

基于机器学习的自动编程也面临一些伦理和法律问题。例如，自动生成的代码可能会涉及侵犯版权，或者存在安全和隐私问题。为了克服这些问题，研究人员正积极探索新的方法和技术，以改进基于机器学习的自动编程。例如，一些研究人员致力于开发新的机器学习模型和算法，以提高模型的准确性和可解释性；还有一些研究人员积极探索将人类专家的知识和经验整合到机器学习模型中的方法，目的是提高生成代码的质量和可维护性。

2.2 ChatGPT 编程工具

2.2.1 ChatGPT

ChatGPT 注册页面如图 2-1 所示。

这里提供了以下 3 种注册方式。

（1）邮箱。

（2）Google 账号。

（3）微软账号。

Welcome to ChatGPT
Log in with your OpenAI account to continue
Log in
Sign up

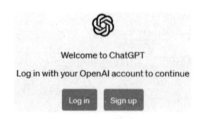

图 2-1　ChatGPT 注册页面

这里选择以邮箱的方式注册，注册页面如图 2-2 所示。

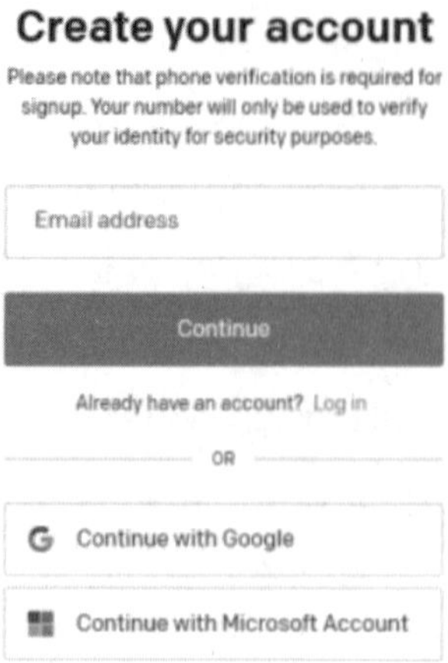

Create your account
Please note that phone verification is required for signup. Your number will only be used to verify your identity for security purposes.
Email address
Continue
Already have an account? Log in
OR
Continue with Google
Continue with Microsoft Account

图 2-2　注册页面

在输入密码后，平台会向邮箱发送一条验证信息，验证信息页面如图 2-3
所示。

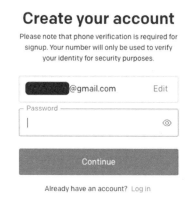

图 2-3　验证信息页面

打开邮箱并验证，验证页面如图 2-4 所示。

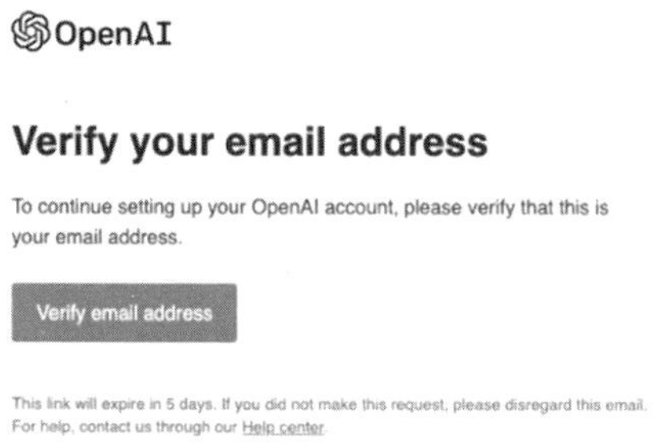

OpenAI

Verify your email address

To continue setting up your OpenAI account, please verify that this is
your email address.

Verify email address

This link will expire in 5 days. If you did not make this request, please disregard this email.
For help, contact us through our Help center.

图 2-4　验证页面

随后需要输入姓名，输入姓名页面如图 2-5 所示。

Tell us about you

图 2-5　输入姓名页面

下一步需要验证电话号码，电话号码验证页面如图 2-6 所示。

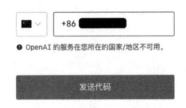

图 2-6　电话号码验证页面

国内的号码并不适用，需要使用国外的电话号码接收短信代码，之后按要求输入短信代码，短信代码输入页面如图 2-7 所示。

图 2-7　短信代码输入页面

在正确输入短信代码后，等浏览器加载结束即可使用，使用页面如图 2-8 所示。

图 2-8　使用页面

2.2.2　GitHub Copilot

1. GitHub Copilot 注册

GitHub Copilot 注册页面如图 2-9 所示，单击 "Sign up" 按钮即可注册。

图 2-9　GitHub Copilot 注册页面

注册 GitHub 账号，GitHub 注册页面如图 2-10 所示。

Sign in to GitHub

Username or email address

Password　Forgot password?

Sign in

New to GitHub? Create an account.

图 2-10　GitHub 注册页面

　　如果已经注册，直接登录即可；如果未注册，可单击"Create an account"按钮，进入邮箱输入页面，如图 2-11 所示。

图 2-11　邮箱输入页面

输入邮箱、密码和用户名，对于问题"你想通过电子邮件接收产品更新和公告吗"，回复"n"，问题回复页面如图 2-12 所示。

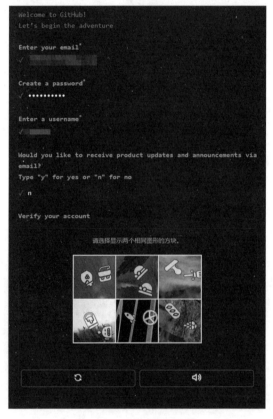

图 2-12　问题回复页面

在验证环节通过后，单击"Create account"按钮。创建成功页面如图 2-13 所示。

图 2-13　创建成功页面

之后需要输入邮箱验证码，邮箱验证码输入页面如图 2-14 所示。

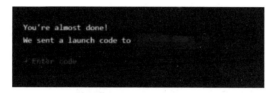

图 2-14　邮箱验证码输入页面

在正确输入后再次登录，单击"Start my free trial"按钮，登录页面如图 2-15 所示。

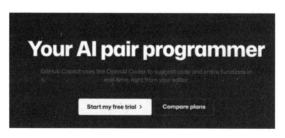

图 2-15　登录页面

可以免费使用 30 天，支付页面如图 2-16 所示。

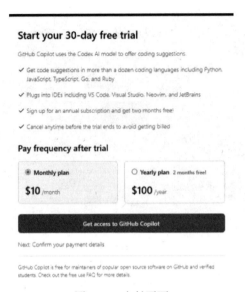

图 2-16　支付页面

2. 安装 VS Code

进入 VS Code 的官网，下载页面如图 2-17 所示。

图 2-17　下载页面

3. 安装插件

打开 VS Code，左侧为插件栏，插件栏页面如图 2-18 所示。

图 2-18　插件栏页面

在顶部搜索框中搜索"GitHub Copilot",搜索插件页面如图 2-19 所示。

图 2-19　搜索插件页面

安装图 2-19 中的第一个插件。

4. 登录 GitHub 账号

在安装 GitHub Copilot 插件后,出现的弹窗页面如图 2-20 所示。

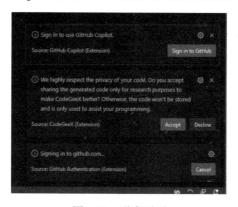

图 2-20　弹窗页面

下一步单击"Allow"按钮,然后单击"Open"按钮,提示页面如图 2-21 所示。

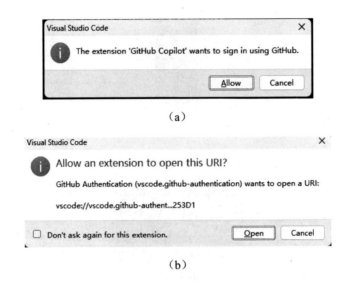

（a）

（b）

图 2-21　提示页面

这时会打开浏览器，进入登录页面，如图 2-22 所示。

图 2-22　登录页面

如果出现提示框，如图 2-23 所示，并回到 VS Code，说明登录成功，这时可在 VS Code 中使用 GitHub Copilot 插件。

图 2-23　提示框

2.2.3　Cursor

（1）安装 Cursor。

Cursor 支持 Mac、Windows 和 Linux 操作系统，根据计算机的系统进行下载即可，下载页面如图 2-24 所示。

图 2-24　下载页面

（2）选择登录或注册 Cursor，登录或注册页面如图 2-25 所示。

图 2-25　登录或注册页面

输入账号和密码并登录，如果此前未注册过，应先注册。登录页面如图 2-26 所示。

图 2-26　登录页面

（3）使用 Cursor，使用页面如图 2-27 所示。

图 2-27　使用页面

生成代码

创建一个 Python 文件，使用[Ctrl + K]组合键输入命令，输入命令页面如图 2-28 所示。

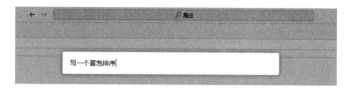

图 2-28　输入命令页面

生成的代码如图 2-29 所示。

```
 111.py
1   def bubble_sort(arr):
2       n = len(arr)
3       for i in range(n):
4           for j in range(0, n-i-1):
5               if arr[j] > arr[j+1] :
6                   arr[j], arr[j+1] = arr[j+1], arr[j]
7       return arr
8   Ctrl+L to chat, Ctrl+K to generate
```

图 2-29　生成的代码

与代码"对话"

可以选中生成的代码，提出问题，让它对代码进行优化。

在选中代码后，会出现两个选项，如图 2-30 所示。一个是 Edit，可以让它修改代码；另一个是 Chat，可以提出问题，让它解答。

```
Chat Ctrl+L    Edit Ctrl+K

def bubble_sort(arr):
    n = len(arr)
    for i in range(n):
        for j in range(0, n-i-1):
            if arr[j] > arr[j+1] :
                arr[j], arr[j+1] = arr[j+1], arr[j]
    return arr
```

图 2-30　两个选项

用户不仅可以与代码"对话"，还可以让它解释 JDK、开源项目和用户的业务代码等，它可以给出改进建议并寻找潜在的 Bug 等。解释页面如图 2-31 所示。

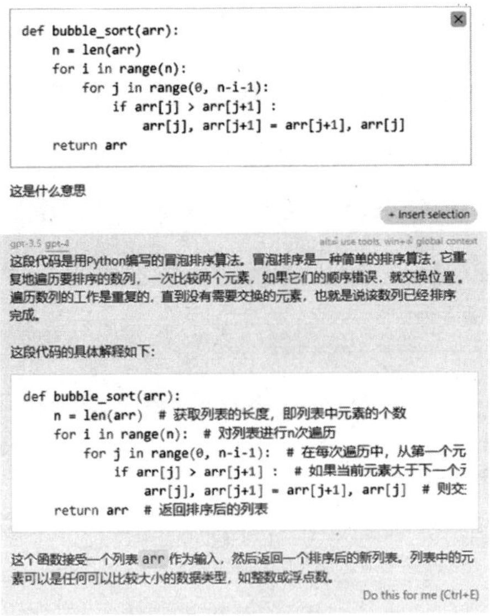

```
def bubble_sort(arr):
    n = len(arr)
    for i in range(n):
        for j in range(0, n-i-1):
            if arr[j] > arr[j+1] :
                arr[j], arr[j+1] = arr[j+1], arr[j]
    return arr
```

这是什么意思

+ Insert selection

gpt-3.5 gpt-4   alt+# use tools, win+# global context

这段代码是用Python编写的冒泡排序算法。冒泡排序是一种简单的排序算法，它重复地遍历要排序的数列，一次比较两个元素，如果它们的顺序错误，就交换位置。遍历数列的工作是重复的，直到没有需要交换的元素，也就是说该数列已经排序完成。

这段代码的具体解释如下：

```
def bubble_sort(arr):
    n = len(arr)  # 获取列表的长度，即列表中元素的个数
    for i in range(n):  # 对列表进行n次遍历
        for j in range(0, n-i-1):  # 在每次遍历中，从第一个元
            if arr[j] > arr[j+1] :  # 如果当前元素大于下一个
                arr[j], arr[j+1] = arr[j+1], arr[j]  # 则交
    return arr  # 返回排序后的列表
```

这个函数接受一个列表 arr 作为输入，然后返回一个排序后的新列表。列表中的元素可以是任何可以比较大小的数据类型，如整数或浮点数。

Do this for me (Ctrl+E)

图 2-31 解释页面

修改代码页面如图 2-32 所示。

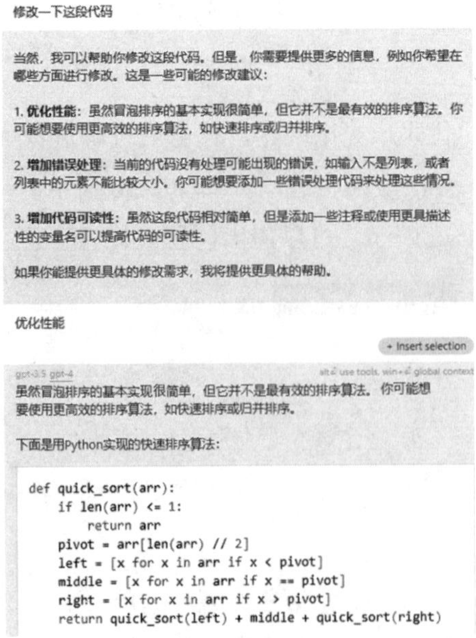

修改一下这段代码

当然，我可以帮助你修改这段代码。但是，你需要提供更多的信息，例如你希望在哪些方面进行修改。这是一些可能的修改建议：

1. **优化性能**：虽然冒泡排序的基本实现很简单，但它并不是最有效的排序算法。你可能想要使用更高效的排序算法，如快速排序或归并排序。

2. **增加错误处理**：当前的代码没有处理可能出现的错误，如输入不是列表，或者列表中的元素不能比较大小。你可能想要添加一些错误处理代码来处理这些情况。

3. **增加代码可读性**：虽然这段代码相对简单，但是添加一些注释或使用更具描述性的变量名可以提高代码的可读性。

如果你能提供更具体的修改需求，我将提供更具体的帮助。

优化性能

+ Insert selection

gpt-3.5 gpt-4   alt+# use tools, win+# global context

虽然冒泡排序的基本实现很简单，但它并不是最有效的排序算法。你可能想要使用更高效的排序算法，如快速排序或归并排序。

下面是用Python实现的快速排序算法：

```
def quick_sort(arr):
    if len(arr) <= 1:
        return arr
    pivot = arr[len(arr) // 2]
    left = [x for x in arr if x < pivot]
    middle = [x for x in arr if x == pivot]
    right = [x for x in arr if x > pivot]
    return quick_sort(left) + middle + quick_sort(right)
```

图 2-32 修改代码页面

它会根据用户的意思进行修改，如果用户认为符合要求，可以单击"Accept"按钮，使修改生效；否则单击"Reject"按钮，拒绝修改。所给出的修改代码不一定是最优的，但是是基本符合需求的，可以进行多次修改，直到用户对代码满意。

2.2.4　CodeGeeX

CodeGeeX 是有 130 亿个参数的多编程语言代码生成预训练模型，它是通过使用超过 20 种编程语言训练得到的。基于 CodeGeeX 开发的插件可以实现通过描述生成代码、补全代码、翻译代码等一系列功能。CodeGeeX 能提供可以定制的提示模式（Prompt Mode），构建专属的编程助手。

CodeGeeX 下载页面如图 2-33 所示。

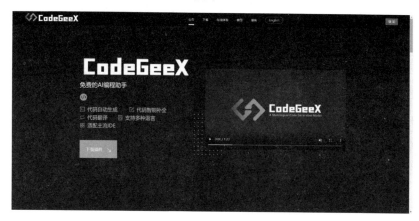

图 2-33　CodeGeeX 下载页面

需要保证 VS Code 的版本在 1.68.0 以上，安装插件并全局激活 CodeGeeX，插件安装页面如图 2-34 所示。

图 2-34　插件安装页面

CodeGeeX 有 4 种使用模式：隐匿模式、交互模式、翻译模式、提示模式。

1. 隐匿模式

在隐匿模式中，CodeGeeX 会在用户停止输入时，从光标处开始生成结果（右下角的 CodeGeeX 图标旋转表示正在生成）。生成完毕会以灰色显示，按[Tab]键即可插入生成结果。在生成多个候选项的情况下，可以使用[Alt/Option]键在几个候选项间进行切换。如果用户对现有建议不满意，可以使用[Alt/Option+N]组合键获得新的候选项，候选项页面如图 2-35 所示。

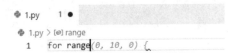

图 2-35　候选项页面

2. 交互模式

按[Ctrl+Enter]组合键可以激活交互模式。CodeGeeX 会生成 X 个候选项，并显示在右侧窗口中（可以在设置的 Candidate Num 中对 X 进行修改）。单击候选项上方的 "use code" 按钮，即可将结果插入当前的光标位置。生成代码页面如图 2-36 所示。

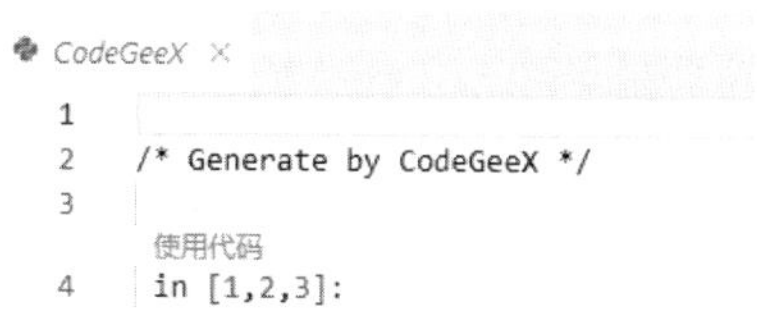

```
♣ CodeGeeX ×
1
2    /* Generate by CodeGeeX */
3
     使用代码
4    in [1,2,3]:
```

图 2-36　生成代码页面

3. 翻译模式

在当前语言的文本编辑器中输入其他语言的代码，选择这些代码，按 [Ctrl+Alt+T]组合键可以激活翻译模式。用户可以根据提示选择该代码的语言，CodeGeeX 会帮用户把该代码翻译成与当前编辑器语言匹配的代码。翻译代码页面如图 2-37 所示。

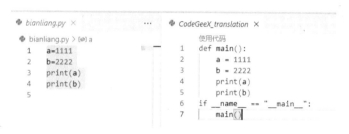

图 2-37　翻译代码页面

单击翻译结果上方的"use code"按钮即可插入。用户还可以在设置中选择希望系统在插入时如何处理被翻译的代码，还可以选择对其进行注释或覆盖。使用代码页面如图 2-38 所示。

图 2-38　使用代码页面

4. 提示模式（实验功能）

选择需要作为输入的代码，按[Alt/Option+T]组合键可以触发提示模式，显示预定义模板列表，选择其中一个模板，即可将代码插入模板中并进行生成。该模式是高度自定义的，可以在设置的 Prompt Templates 中修改或添加模板内容，为模型加入额外的提示。

2.3 ChatGPT 编程插件

ChatGPT 插件是一个高度智能化的工具，它可以帮助企业、组织和个人，能提升服务质量、提高效率，同时也能提升用户体验，为用户提供更加智能的个性化服务。

1. 作用

在开发一款插件前，要先明确插件的作用及限制。ChatGPT 插件允许进行的操作如下。

（1）检索实时信息，如体育比分、股票价格、最新消息等。

（2）检索知识库信息，如公开的文件、个人笔记等。

（3）代表用户执行操作，如订机票、订餐等。

2. 原理

如果我们为 ChatGPT 提供一组 API，则 ChatGPT 会在合适的时候调用 API。需要为这些 API 提供 API 描述文件（域名/openai.yaml）和插件描述文件（域名/.well-known/ai-plugin.json）。

ChatGPT 在收到插件描述文件时，会根据用户的意图选择合适的插件，对插件 API 发起查询请求。ChatGPT 会结合查询结果生成相关内容，并将其展示给用户。

3. 使用流程

（1）开发插件并完成部署。

（2）在 ChatGPT 中注册插件。

（3）用户激活插件。

（4）使用插件。

4. 开发插件

开发一款插件，需要描述插件的 API，让 ChatGPT 能认识这些 API。开发过程如下。

以开发一个代办列表为例，包含创建任务、查找任务、删除任务、获取插件描述、获取接口描述、获取 logo 共 6 个接口。

```python
import json

import quart
import quart_cors
from quart import request

app = quart_cors.cors(quart.Quart(__name__), allow_origin="*")

_TODOS = {}

@app.post("/todos/<string:username>")
async def add_todo(username):
    request = await quart.request.get_json(force=True)
    if username not in _TODOS:
        _TODOS[username] = []
    _TODOS[username].append(request["todo"])
    return quart.Response(response='OK', status=200)
```

```python
@app.get("/todos/<string:username>")
async def get_todos(username):
    return quart.Response(response=json.dumps(_TODOS.get(username, [])), status=200)


@app.delete("/todos/<string:username>")
async def delete_todo(username):
    request = await quart.request.get_json(force=True)
    todo_idx = request["todo_idx"]
    if 0 <= todo_idx < len(_TODOS[username]):
        _TODOS[username].pop(todo_idx)
    return quart.Response(response='OK', status=200)


@app.get("/logo.png")
async def plugin_logo():
    filename = 'logo.png'
    return await quart.send_file(filename, mimetype='image/png')


@app.get("/.well-known/ai-plugin.json")
async def plugin_manifest():
    host = request.headers['Host']
    with open("manifest.json") as f:
        text = f.read()
        text = text.replace("PLUGIN_HOSTNAME", f"https://{host}")
        return quart.Response(text, mimetype="text/json")


@app.get("/openapi.yaml")
async def openapi_spec():
    host = request.headers['Host']
    with open("openapi.yaml") as f:
        text = f.read()
        text = text.replace("PLUGIN_HOSTNAME", f"https://{host}")
```

```
        return quart.Response(text, mimetype="text/yaml")

def main():
    app.run(debug=True, host="0.0.0.0", port=5002)

if __name__ == "__main__":
    main()
```

5. 编写插件和 API 描述文件

插件描述文件要放在指定的地址：http://www.example.com/.well-known/
ai-plugin.json。

最小配置的示例如下。

```
{
    "schema_version": "v1",
    "name_for_human": "TODO Plugin (no auth)",
    "name_for_model": "todo",
    "description_for_human": "Plugin for managing a TODO list, you can add, remove and
view your TODOs.",
    "description_for_model": "Plugin for managing a TODO list, you can add, remove and
view your TODOs.",
    "auth": {
        "type": "none"
    },
    "api": {
        "type": "openapi",
        "url": "PLUGIN_HOSTNAME/openapi.yaml",
        "is_user_authenticated": false
    },
    "logo_url": "PLUGIN_HOSTNAME/logo.png",
    "contact_email": "support@example.com",
```

```
    "legal_info_url": "https://example.com/legal"
}
```

6. 描述文件中的字段

在描述文件中有很多字段，关于字段的说明如表 2-1 所示。

表 2-1　关于字段的说明

字段	类型	描述
schema_version	String	清单架构版本
name_for_model	String	命名模型，用于定位插件
name_for_human	String	人类可读的名称，如企业的完整名称
description_for_model	String	更适合模型的描述，如令牌上下文长度注意事项或用于改进插件提示的关键词
description_for_human	String	插件的人类可读描述
auth	ManifestAuth	身份验证模式
api	Object	API 规范
logo_url	String	用于获取插件徽标的 URL
contact_email	String	电子邮件联系人
legal_info_url	String	重定向 URL，供用户查看插件信息
HttpAuthorizationType	HttpAuthorizationType	"承载" 或 "基本"
ManifestAuthType	ManifestAuthType	"无" "user_http" "service_http" 或 "oauth"
interface BaseManifestAuth	BaseManifestAuth	类型：ManifestAuthType；说明：字符串
ManifestNoAuth	ManifestNoAuth	无须身份验证：BaseManifestAuth & { type: 'none', }
ManifestAuth	ManifestAuth	ManifestNoAuth、ManifestServiceHttpAuth、ManifestUserHttpAuth、ManifestOAuthAuth

7. API 描述文件

用户需要设置和定义 OpenAPI 规范，以匹配本地或远程服务器上定义的端点。无须通过规范公开 API 的全部功能，可以选择让 ChatGPT 仅访问某些功能。许多工具可以自动将用户的服务器定义代码转换为 OpenAPI 规范，因此无须手动执行此操作。yaml 格式的示例如下。

```yaml
openapi: 3.0.1
info:
    title: TODO Plugin
    description: A plugin that allows the user to create and manage a TODO list using
ChatGPT. If you do not know the user's username, ask them first before making queries to the
plugin. Otherwise, use the username "global".
    version: "v1"
servers:
  - url: PLUGIN_HOSTNAME
paths:
  /todos/{username}:
    get:
        operationId: getTodos
        summary: Get the list of todos
        parameters:
          - in: path
            name: username
            schema:
                type: string
            required: true
            description: The name of the user.
        responses:
          "200":
            description: OK
            content:
                application/json:
                    schema:
                        $ref: "#/components/schemas/getTodosResponse"
    post:
```

```
operationId: addTodo
summary: Add a todo to the list
parameters:
    - in: path
      name: username
      schema:
          type: string
      required: true
      description: The name of the user.
requestBody:
    required: true
    content:
        application/json:
            schema:
                $ref: "#/components/schemas/addTodoRequest"
responses:
    "200":
        description: OK
delete:
operationId: deleteTodo
summary: Delete a todo from the list
parameters:
    - in: path
      name: username
      schema:
          type: string
      required: true
      description: The name of the user.
requestBody:
    required: true
    content:
        application/json:
```

```
                        schema:
                            $ref: "#/components/schemas/deleteTodoRequest"
            responses:
                "200":
                    description: OK

components:
    schemas:
        getTodosResponse:
            type: object
            properties:
                todos:
                    type: array
                    items:
                        type: string
                    description: The list of todos.
        addTodoRequest:
            type: object
            required:
                - todo
            properties:
                todo:
                    type: string
                    description: The todo to add to the list.
                    required: true
        deleteTodoRequest:
            type: object
            required:
                - todo_idx
            properties:
                todo_idx:
                    type: integer
```

```
                        description: The index of the todo to delete.
                        required: true
```

8. 功能说明

ChatGPT 会阅读和理解描述文件中关于插件、接口、接口出入参的信息，据此判断插件是否与用户输入相关。以下是关于描述文件和插件的设计规范，这些规范遵循 OpenAPI 规范。

（1）不影响 ChatGPT 的情感和响应方式，描述不应试图干预 ChatGPT 的情感、个性或确切响应。ChatGPT 的目标是提供适当的响应。

（2）不鼓励 ChatGPT 主动使用插件，当用户没有明确要求插件需要提供特定服务时，不应鼓励 ChatGPT 使用插件。

（3）不规定特定触发器，描述不应规定 ChatGPT 使用插件的特定触发器，因为 ChatGPT 应在适当的时候自动使用插件。

（4）返回原始数据而非自然语言响应，插件的 API 响应应返回原始数据而不是自然语言响应，因为 ChatGPT 会使用数据生成自己的自然语言响应。

这些规范旨在确保插件的描述文件能够与 ChatGPT 的工作方式保持一致，同时允许 ChatGPT 根据用户的需求和上下文合理地判断插件与用户输入的相关性。

9. 设置身份认证

ChatGPT 支持 4 种认证策略，可以在 ai-plugin.json 文件中指定认证策略。

1）不需要认证

完全开放，不需要认证。

```
"auth": {
  "type": "none"
},
```

2）用户认证

用户在 ChatGPT 页面配置好 token，后续请求头会带上 token 信息。

```
"auth": {
  "type": "user_http",
```

```
    "authorization_type": "bearer",
},
```

3）服务端认证

开发人员在添加插件时，在 ChatGPT 页面配置好 token，后续请求头会带上 token 信息。

```
"auth": {
  "type": "service_http",
  "authorization_type": "bearer",
  "verification_tokens": {
    "openai": "Replace_this_string_with_the_verification_token_generated_in_the_ChatGPT_UI"
  }
},
```

4）OAuth 认证

在用户授权后，ChatGPT 才会访问插件的 API。

```
"auth": {
  "type": "oauth",
  "client_url": "客户端实际认证的 URL",
  "scope": "",
  "authorization_url": "获取授权的 URL",
  "authorization_content_type": "application/json",
  "verification_tokens": {
    "openai": "Replace_this_string_with_the_verification_token_generated_in_the_ChatGPT_UI"
  }
},
```

10. 调试部署 API

在默认情况下，聊天不会显示插件调用信息和其他未向用户显示的信息。要想完整地了解模型与插件的交互过程，用户可以在与插件交互后单击插件名称处的向下箭头，以查看请求和响应。

对插件模型的调用信息通常包括模型发给插件的类似于 JSON 的参数、来自插件的响应，以及来自模型的消息（使用的是插件返回的信息）。

如果用户正在开发本地主机插件，则可以通过转到"设置"并切换"打开插件开发工具"来打开开发人员控制台。在这里，用户可以看到详细的日志，以及用于重新获取插件和 OpenAPI 规范的"刷新插件"。

11. 发布插件

在部署插件后，就可以在 ChatGPT 插件商城选择"开发自己的插件"了，然后选择"安装未经验证的插件"。

12. 插件政策

开发人员在构建插件时应满足以下要求。

（1）插件清单必须有明确的描述，并与暴露给模型的 API 的功能匹配。

（2）在插件清单、OpenAPI 端点描述或插件响应消息中，不应包含不相关、不必要或者具有欺骗性的术语或说明。例如，避免使用其他插件的说明、尝试控制或设置模型行为的说明等。

（3）不要用插件干扰 OpenAI 的安全系统。

（4）不要使插件自动与真人对话，包括模拟类似于人类的响应及使用预编程的消息进行回复等。

（5）对于分发由 ChatGPT 生成的个人通信内容（如电子邮件、消息等）的插件，必须表明该内容是由 AI 生成的。

2.4 习题

1. 判断题

（1）自动编程可以不需要人类操作。（　　）

（2）自动编程技术在不断发展。（　　）

（3）ChatGPT 插件可以自行发布。（　　）

2．填空题

（1）自动编程可以有_____种规则，分别是_____。

（2）自动编程的工具有_____、_____、_____、_____。

（3）ChatGPT 插件需要在_____上发布。

3．问答题

（1）请阐述自动编程的两种规则。

（2）ChatGPT 插件有哪些作用？

（3）ChatGPT 插件发布的步骤是什么？

第 3 章

ChatGPT 文本翻译

ChatGPT 文本翻译应用是一款基于人工智能技术开发的翻译工具，可以帮助用户快速、准确地进行翻译。该应用使用了前沿的自然语言处理技术，能够识别并翻译各种类型的文本，包括常见的新闻、邮件、社交媒体上的内容等。除此之外，ChatGPT 文本翻译应用还提供了多种实用功能，如语音输入、翻译风格选择等，便于用户在不同场合中使用。无论是在出差旅游、学习交流还是日常生活场景中，ChatGPT 文本翻译应用都能为用户提供高效、便捷的服务，让用户的沟通更加畅通无阻。

学习重点

◎了解文本翻译应用开发现状。

◎了解文本翻译应用与 ChatGPT 集成的优点。

◎掌握文本翻译应用与 ChatGPT 集成的开发过程。

3.1 文本翻译应用开发现状和前景

当前，自然语言处理技术和机器翻译技术快速发展，ChatGPT 文本翻译是其中的重要领域。ChatGPT 是一种基于深度学习的自然语言处理技术，适用于许多场景，如聊天机器人、智能客服、文本生成、摘要提取等。在文本翻译方面，ChatGPT 可以用于实时翻译、多语言交流、跨语言搜索等场景。由于其能够自动学习和理解语言规则，所以在提高翻译质量和效率方面有很大潜力。此外，随着全球化的发展，越来越多的企业和个人需要进行跨语言交流，ChatGPT 文本翻译技术将在这方面发挥重要作用。尽管 ChatGPT 文本翻译技术在提高翻译质量和效率方面已经取得了一定的进展，但在实际应用中仍存在一些挑战。例如，不同语言之间存在的语法、词汇和文化差异会影响翻译质量；在处理大规模数据时需要考虑计算资源和时间成本等。总的来说，ChatGPT 文本翻译技术的应用前景非常广阔，但需要不断进行研究和改进，以提高翻译质量和效率，同时解决在实际应用中遇到的挑战。

3.1.1 基于神经网络的机器翻译

目前有很多基于神经网络的机器翻译。基于神经网络的机器翻译是一种新的自然语言处理技术，它使用深度学习模型进行翻译。基于神经网络的机器翻译的原理是通过训练神经网络模型，使其能够自动学习源语言和目标语言之间的映射关系，从而实现翻译。基于神经网络的机器翻译具有以下优点。

（1）翻译质量高。由于基于神经网络的机器翻译能够自动学习语言规则和语义信息，所以与传统机器翻译相比，其更加准确和可靠。

（2）上下文理解能力强。基于神经网络的机器翻译可以考虑上下文信息，从而更好地理解句子的意思，提高翻译质量。

（3）能更好地处理长句。基于神经网络的机器翻译可以处理复杂的长句，从而提高翻译质量和效率。

（4）适应性强。基于神经网络的机器翻译可以根据领域和语言特点进行调整和优化，具有更强的适应性。

（5）实时性强。基于神经网络的机器翻译可以使用 GPU 等硬件加速技术，实现实时翻译。

基于神经网络的机器翻译也具有一些缺点。由于基于神经网络的机器翻译需要使用大量的训练数据和计算资源，所以其成本较高。另外，神经网络模型的复杂性高、解释性差，其翻译过程不易理解。基于神经网络的机器翻译具有以下缺点。

（1）难以处理生僻词和专业术语。由于神经网络模型是通过学习大量的语料库来进行翻译的，所以在处理生僻词和专业术语时可能出现错误。

（2）难以处理多义词和歧义问题。由于语言具有多义性和歧义性，所以基于神经网络的机器翻译仍然存在一定的错误率。

（3）难以处理文化差异。由于不同语言和文化之间存在巨大差异，所以基于神经网络的机器翻译可能无法正确理解某些文化背景下的语言表达。

3.1.2　ChatGPT 文本翻译应用的特点

ChatGPT 是一种基于大规模预训练语言模型的自然语言处理技术，它能够自动理解、生成语言和进行对话等，已成为人工智能领域的热门技术之一。与传统的基于神经网络的机器翻译应用相比，ChatGPT 在智能化、灵活性、人性化、高效性、准确性和适应性方面具有诸多优势。

（1）在智能化方面，ChatGPT 利用了深度学习技术和自然语言处理技术，可以通过学习大量的语料库来理解自然语言的含义和语法规则。此外，ChatGPT 能够自动回答用户提出的问题，还可以进行对话，通过自然的方式与用户进行交互。这种智能化处理方式，使得 ChatGPT 可以更好地适应人们的表达习惯，具有更好的应用前景。

（2）在灵活性方面，ChatGPT 可以根据不同的上下文信息和用户需求生成不同的翻译结果,具有更加灵活的应用场景。这种灵活性体现在多个方面。例如,在机器翻译中,ChatGPT 可以根据上下文信息对一句话给出不同的翻译,从而使翻译结果更贴近人类的表达习惯。此外,在对话系统中,ChatGPT 能够根据用户的问题和回答来动态调整其生成的响应,从而更好地满足用户需求。

(3)在人性化方面,ChatGPT 可以模拟人类对话的方式,从而使翻译结果更贴近人类的表达习惯。例如,在对话系统中,ChatGPT 能够通过语言模型生成合理的回答,并且可以考虑上下文信息,实现更自然的对话。这种人性化的处理方式,能够更好地满足人们的需求,提高用户的满意度。

(4)在高效性方面,ChatGPT 可以通过使用并行计算等技术来提高翻译速度,从而实现更高效的文本翻译。由于 ChatGPT 具有预测能力,所以能够在计算过程中利用已经生成的部分结果进行预测,从而提高计算效率。此外,在大规模数据处理方面,ChatGPT 可以通过采用分布式计算等技术来提高翻译速度。

(5)在准确性方面,由于 ChatGPT 可以考虑上下文信息和语义关系,所以在处理多义词和歧义问题时具有较好的表现。它可以在生成翻译结果时,结合上下文信息、语境、语法和语义等多种因素,准确地理解输入文本的含义,避免出现误解和歧义。此外,ChatGPT 在处理长文本时也具有较好的表现,能够在翻译过程中保持上下文的连贯性,使得整体翻译结果更准确。

(6)在适应性方面,ChatGPT 可以在训练过程中不断更新和调整模型,以适应不同的应用场景和语言环境。同时,在实际应用中,ChatGPT 可以通过采用自学习和自适应等技术来不断提高翻译质量和性能。这种适应性,使得 ChatGPT 能够适应不同的应用场景和需求,具有更广阔的应用前景。

综上所述,ChatGPT 作为一种基于大规模预训练语言模型的自然语言处理技术,具有智能化、灵活性、人性化、高效性、准确性和适应性等优势,将在文本翻译、对话系统、语音识别、自然语言生成等领域得到广泛应用。

3.2　文本翻译应用开发

使用 ChatGPT 的 API 进行文本翻译应用开发，需要先申请 API 密钥，然后通过 API 调用文本翻译服务。具体步骤包括输入要翻译的文本、选择源语言和目标语言、调用 API 进行翻译、获取翻译结果并输出。开发者可以根据自己的需求对 API 进行封装和优化，以实现更高效和个性化的文本翻译应用。

3.2.1　界面展示和代码实现

这里使用 Python 实现一个简单应用，以完成对 ChatGPT 的 API 调用及实现整个用户界面。该翻译应用将 PyQt5 作为用户界面的制作工具，使用户可以使用密钥登录并进入翻译页面。用户可以在该页面输入待翻译的文本内容，该应用可以自动识别用户输入的语言。在进行翻译前，用户可以选择目标语言和翻译风格。该应用使用 gpt-3.5-turbo 模型进行翻译，并以对话的形式向用户返回翻译结果。用户只需要输入想翻译的文本，不需要进行其他操作，输出结果也只显示所要翻译的内容。

为了确保用户的隐私安全，该翻译应用需要进行密钥验证。在用户输入正确的密钥后，才能进入翻译页面并进行文本翻译。在密钥验证过程中，该应用会向网站发送请求，只有当密钥正确时才会有回应，否则需要重新输入。

该应用的翻译功能非常强大，使用了前沿的 gpt-3.5-turbo 模型，可以快速准确地翻译各种语言的文本内容。此外，用户可以选择翻译风格，使翻译结果更符合用户需求。该翻译应用的用户界面简洁美观，易于使用。同时，该应用的响应速度非常快，可以快速处理大量的文本翻译请求。

登录页面如图 3-1 所示。登录错误提醒如图 3-2 所示。

图 3-1　登录页面　　　　　　　　图 3-2　登录错误提醒

文本翻译页面如图 3-3 所示。

图 3-3　文本翻译页面

运行结果如图 3-4 所示。

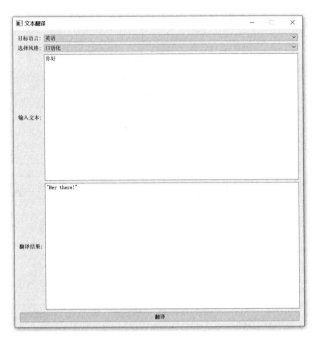

图 3-4　运行结果

示例如下。

```
import openai
import sys,os
from PyQt5 import QtWidgets
#设置支持的语言和风格（可以根据需求增减）
#os.environ["HTTPS_PROXY"] = "自己的代理地址(127.0.0.1:7890)"
languages = [
    "中文",
    "英语",
    "西班牙语",
    "法语",
    "德语",
    "日语",
    "韩语",
```

```python
    "葡萄牙语",
    "俄语",
    "意大利语"
]
styles = ["口语化", "正式化"]
class LoginWindow(QtWidgets.QWidget):
    def __init__(self):
        super().__init__()
        self.setWindowTitle("登录")
        #设置窗口大小
        self.setFixedSize(400, 200)
        #创建 GUI 控件
        self.api_key_label = QtWidgets.QLabel("API 密钥:")
        self.api_key_text = QtWidgets.QLineEdit()
        self.login_button = QtWidgets.QPushButton("登录")
        #设置布局
        grid_layout = QtWidgets.QGridLayout()
        grid_layout.addWidget(self.api_key_label, 0, 0)
        grid_layout.addWidget(self.api_key_text, 0, 1)
        grid_layout.addWidget(self.login_button, 1, 0, 1, 2)
        self.setLayout(grid_layout)
        #连接"登录"按钮的信号和槽
        self.login_button.clicked.connect(self.login)
        #初始化 translator 变量
        self.translator = None
    #定义登录函数
    def login(self):
        #获取用户输入的 API 密钥
        api_key = self.api_key_text.text()
        #检查 API 密钥是否有效
        openai.api_key = api_key
```

```
        try:
                openai.Completion.create(engine="davinci", prompt="test", max_tokens=5)
                #如果 API 密钥有效，则关闭登录窗口并打开翻译窗口
                self.close()
                self.translator = Translator()
                self.translator.show()
        except Exception as e:
                #如果 API 密钥无效，则显示错误消息
                error_dialog = QtWidgets.QErrorMessage()
                error_dialog.showMessage("无效的 API 密钥，请重新输入！")
                error_dialog.setWindowTitle("错误")
                error_dialog.exec_()
class Translator(QtWidgets.QWidget):
    def __init__(self):
        super().__init__()
        self.setWindowTitle("文本翻译")
        #设置窗口大小
        self.setFixedSize(1000, 1000)
        #创建 GUI 控件
        self.language_label = QtWidgets.QLabel("目标语言:")
        self.language_menu = QtWidgets.QComboBox()
        self.language_menu.addItems(languages)
        self.style_label = QtWidgets.QLabel("选择风格:")
        self.style_menu = QtWidgets.QComboBox()
        self.style_menu.addItems(styles)
        self.input_label = QtWidgets.QLabel("输入文本:")
        self.input_text = QtWidgets.QTextEdit()
        self.output_label = QtWidgets.QLabel("翻译结果:")
        self.output_text = QtWidgets.QTextEdit()
        self.translate_button = QtWidgets.QPushButton("翻译")
        #设置布局
```

```python
grid_layout = QtWidgets.QGridLayout()
grid_layout.addWidget(self.language_label, 0, 0)
grid_layout.addWidget(self.language_menu, 0, 1)
grid_layout.addWidget(self.style_label, 1, 0)
grid_layout.addWidget(self.style_menu, 1, 1)
grid_layout.addWidget(self.input_label, 2, 0)
grid_layout.addWidget(self.input_text, 2, 1)
grid_layout.addWidget(self.output_label, 3, 0)
grid_layout.addWidget(self.output_text, 3, 1)
grid_layout.addWidget(self.translate_button, 4, 0, 1, 2)
self.setLayout(grid_layout)
#连接"翻译"按钮的信号和槽
self.translate_button.clicked.connect(self.translate_text)
#定义翻译函数
def translate_text(self):
    #获取用户输入的文本和选择的语言、风格
    text = self.input_text.toPlainText()
    language = self.language_menu.currentText()
    style = self.style_menu.currentText()
    #构建 OpenAI API 请求
    prompt = f"请用{style}的方式将下面的语句翻译成{language}: {text}"
    model_engine = "gpt-3.5-turbo"
    completion = openai.ChatCompletion.create(
        model=model_engine,
        messages=[
            {"role": "system", "content": "你是一个资深的翻译专家"},
            {"role": "user", "content": prompt}
        ]
    )
    #获取翻译结果并显示在窗口中
    response = completion.get("choices")[0]["message"]["content"]
```

```
            self.output_text.clear()
            self.output_text.insertPlainText(response)
if __name__ == "__main__":
    app = QtWidgets.QApplication(sys.argv)
    login_window = LoginWindow()
    login_window.show()
    sys.exit(app.exec_())
```

3.2.2　语音交互

将文本翻译和语音识别结合的技术能够将语音转换为文字并翻译成其他语言。这种技术的应用十分广泛，国际会议、商务洽谈、旅游和教育等领域对其有很大需求。

文本翻译和语音识别是两种不同的技术，它们可以相互配合，产生更好的效果。当一个人说话时，语音识别技术可以将语音转换为文本，文本翻译技术可以对文本进行翻译，从而实现实时的语音翻译，使人们能更加轻松地沟通。

在实际应用中，首先，需要使用语音识别技术将语音转换为文字，这里使用的是百度的语音识别 API；其次，需要使用 ChatGPT 的 API 将转换后的文字翻译成目标语言；最后，需要将翻译后的文本转换为语音并输出，这里使用的是百度的语音合成 API。将 ChatGPT 的文本翻译、语音识别与语音合成技术结合，可以为人们提供一个方便、快捷、实时的跨语言沟通方式，能够大大减少语言障碍所带来的不便。

语音交互的文本翻译页面如图 3-5 所示。

在该页面中，如果想直接输入语音，只需要单击"开始录制"按钮即可，并在说完后单击"结束录制"按钮，输入的内容及翻译的内容会同时出现在对应的文本框中，单击"阅读"按钮就会阅读翻译结果，翻译结果如图 3-6 所示。

图 3-5　语音交互的文本翻译页面

图 3-6　翻译结果

　　这里的语音识别和语音合成都使用百度语音技术的 API，如果要使用示例代码，需要在百度官网申请（仅支持中文和英文）。

　　示例代码如下。

```python
import openai
import sys,requests,pyaudio,base64,wave,json,os
from PyQt5 import QtWidgets, QtCore
from playsound import playsound
#设置支持的语言和风格
languages = [
    "中文",
    "英语",
    "西班牙语",
    "法语",
    "德语",
    "日语",
    "韩语",
    "葡萄牙语",
    "俄语",
    "意大利语"
]
styles = ["口语化", "正式化"]
#百度语音识别 API ID
APP_ID = 'YOUR APP_ID'
#百度语音识别 API 地址
API_URL = '请输入百度语音识别 API'
#百度语音识别 API 开发者密钥，需要申请
API_KEY = 'YOUR API-KEY'
SECRET_KEY = 'YOUR SECRET_KEY '
#百度语音 token
def get_token():
    url = '请输入百度第三方登录 OAuth2.0 接口'
    data = {
```

```python
        'grant_type': 'client_credentials',
        'client_id': API_KEY,
        'client_secret': SECRET_KEY
    }
    r = requests.post(url, data=data)
    token = r.json()['access_token']
    return token


token = get_token()


class LoginWindow(QtWidgets.QWidget):
    def __init__(self):
        super().__init__()
        self.setWindowTitle("登录")
        #设置窗口大小
        self.setFixedSize(400, 200)

        #创建 GUI 控件
        self.api_key_label = QtWidgets.QLabel("API 密钥:")
        self.api_key_text = QtWidgets.QLineEdit()
        self.login_button = QtWidgets.QPushButton("登录")

        #设置布局
        grid_layout = QtWidgets.QGridLayout()
        grid_layout.addWidget(self.api_key_label, 0, 0)
        grid_layout.addWidget(self.api_key_text, 0, 1)
        grid_layout.addWidget(self.login_button, 1, 0, 1, 2)
        self.setLayout(grid_layout)

        #连接"登录"按钮的信号和槽
        self.login_button.clicked.connect(self.login)
```

```
        #初始化 translator 变量
        self.translator = None

    #定义登录函数
    def login(self):
        #获取用户输入的 API 密钥
        api_key = self.api_key_text.text()

        #检查 API 密钥是否有效
        openai.api_key = api_key
        try:
            openai.Completion.create(engine="davinci", prompt="test", max_tokens=5)
            #如果 API 密钥有效，则关闭登录窗口并打开翻译窗口
            self.close()
            self.translator = Translator()
            self.translator.show()
        except Exception as e:
            #如果 API 密钥无效，则显示错误消息
            error_dialog = QtWidgets.QErrorMessage()
            error_dialog.showMessage("无效的 API 密钥，请重新输入！")
            error_dialog.setWindowTitle("错误")
            error_dialog.exec_()


class Translator(QtWidgets.QWidget):
    def __init__(self):
        super().__init__()
        self.setWindowTitle("文本翻译")
        #设置窗口大小
        self.setFixedSize(1000, 1000)

        #创建 GUI 控件
```

```
self.language_label = QtWidgets.QLabel("目标语言:")
self.language_menu = QtWidgets.QComboBox()
self.language_menu.addItems(languages)
self.style_label = QtWidgets.QLabel("选择风格:")
self.style_menu = QtWidgets.QComboBox()
self.style_menu.addItems(styles)
self.input_label = QtWidgets.QLabel("输入文本:")
self.input_text = QtWidgets.QTextEdit()
self.output_label = QtWidgets.QLabel("翻译结果:")
self.output_text = QtWidgets.QTextEdit()
self.translate_button = QtWidgets.QPushButton("翻译")
self.start_button = QtWidgets.QPushButton("开始录制")
self.end_button = QtWidgets.QPushButton("结束录制")
self.timer_label = QtWidgets.QLabel("0 秒")
self.read_button = QtWidgets.QPushButton("阅读")

#设置布局
grid_layout = QtWidgets.QGridLayout()
grid_layout.addWidget(self.language_label, 0, 0)
grid_layout.addWidget(self.language_menu, 0, 1)
grid_layout.addWidget(self.style_label, 1, 0)
grid_layout.addWidget(self.style_menu, 1, 1)
grid_layout.addWidget(self.input_label, 2, 0)
grid_layout.addWidget(self.input_text, 2, 1)
grid_layout.addWidget(self.output_label, 3, 0)
grid_layout.addWidget(self.output_text, 3, 1)
grid_layout.addWidget(self.translate_button, 4, 0, 1, 2)
grid_layout.addWidget(self.start_button, 5, 0)
grid_layout.addWidget(self.end_button, 5, 1)
grid_layout.addWidget(self.timer_label, 6, 0)
grid_layout.addWidget(self.read_button, 6, 1)
self.setLayout(grid_layout)
```

```python
        #连接"翻译"按钮的信号和槽
        self.translate_button.clicked.connect(self.translate_text)
        #连接"开始录制"按钮的信号和槽
        self.start_button.clicked.connect(self.start_recording)
        #连接"结束录制"按钮的信号和槽
        self.end_button.clicked.connect(self.end_recording)
        #初始化计时器
        self.timer = QtCore.QTimer()
        self.timer.timeout.connect(self.update_timer)
        self.read_button.clicked.connect(self.play)
        #初始化录制状态
        self.recording = False
        self.p = pyaudio.PyAudio()
        self.stream = None
        self.frames = []
#定义翻译函数
def translate_text(self):
        #获取用户输入的文本和选择的语言、风格
        text = self.input_text.toPlainText()
        language = self.language_menu.currentText()
        style = self.style_menu.currentText()
        #构建 OpenAI API 请求
        prompt = f"请用{style}的方式将下面的语句翻译成{language}: {text}"
        model_engine = "gpt-3.5-turbo"
        completion = openai.ChatCompletion.create(
            model=model_engine,
            messages=[
                    {"role": "system", "content": "你是一个资深的翻译专家"},
                    {"role": "user", "content": prompt}
            ]
        )
        #获取翻译结果并显示在窗口中
```

```python
        response = completion.get("choices")[0]["message"]["content"]
        self.output_text.clear()
        self.output_text.insertPlainText(response)
        #定义更新计时器函数
    def play(self):
        headers = {
            'Content-Type': 'application/json',
        }
        #设置请求参数
        text_v = self.output_text.toPlainText()
        params = {
            'tex': text_v,
            'lan': 'zh',#这里写的是中文，实际上，中文和英文都能识别
            'ctp': 1,
            'cuid': '123456PYTHON',
            'spd': 5,
            'pit': 5,
            'vol': 15,
            'per': 0,
        }
        #发送 HTTP 请求
        url = '请输入百度语音合成 API'
        params['tok'] = token
        vo = requests.post(url, data=params, headers=headers)
        #将语音保存为本地文件
        with open('audio.mp3', 'wb+') as f:
            f.write(vo.content)
        #播放语音文件
        playsound('audio.mp3')
    os.remove('audio.mp3')
        def update_timer(self):
```

```python
        seconds = int(self.timer_label.text().split()[0])
        self.timer_label.setText(f"{seconds + 1} 秒")
#定义开始录制函数
def start_recording(self):
    #开始录音
    chunk = 1024    #以 1024 个样本为单位进行录制
    sample_format = pyaudio.paInt16    #每个样本占 16 位
    channels = 1    #单声道
    fs = 16000    #每秒录制 16000 个样本

    self.stream = self.p.open(format=sample_format,
                    channels=channels,
                    rate=fs,
                    frames_per_buffer=chunk,
                    input=True,
                    stream_callback=self.handle_audio_input)
    self.frames = []    #初始化用于存储音频帧的数组
    self.recording = True
    self.start_button.setEnabled(False)
    self.end_button.setEnabled(True)
    self.timer_label.setText("0 秒")
    self.timer.start(1000)
#定义结束录制函数
def end_recording(self):
    #停止录音
    if self.stream:
        self.stream.stop_stream()
        self.stream.close()

    #将录制的数据保存为 WAV 文件
    filename = "output.wav"
    wf = wave.open(filename, 'wb')
```

```
wf.setnchannels(1)

wf.setsampwidth(self.p.get_sample_size(pyaudio.paInt16))

wf.setframerate(16000)

wf.writeframes(b''.join(self.frames))

wf.close()

#将录音数据发给语音识别 API

with open(filename, 'rb') as f:

    speech_data = f.read()

speech_length = len(speech_data)

speech = base64.b64encode(speech_data).decode('utf-8')

data = {

    "format": "wav",

    "rate": 16000,

    "channel": 1,

    "cuid": "123456PYTHON",

    "token": token,

    "speech": speech,

    "len": speech_length

}

headers = {'Content-Type': 'application/json'}

r = requests.post(API_URL, headers=headers, data=json.dumps(data))

result = json.loads(r.text)

if 'result' in result:

    self.input_text.clear()

    self.output_text.clear()

    self.input_text.insertPlainText(result['result'][0])

self.recording = False

self.start_button.setEnabled(True)

self.end_button.setEnabled(False)

self.timer.stop()

self.timer_label.setText("0 秒")

os.remove("output.wav")
```

```
                self.translate_text()
        def closeEvent(self, event):
            #当关闭窗口时停止 PyAudio
            if self.stream:
                self.stream.stop_stream()
                self.stream.close()
            self.p.terminate()
        def handle_audio_input(self, in_data, frame_count, time_info, status):
            self.frames.append(in_data)
            return (in_data, pyaudio.paContinue)
if __name__ == "__main__":
    app = QtWidgets.QApplication(sys.argv)
    login_window = LoginWindow()
    login_window.show()
    sys.exit(app.exec_())
```

3.2.3　程序打包

　　PyInstaller 是一个用于将 Python 应用程序打包成可执行文件的库，用户可以在安装后使用，其可以在没有 Python 解释器的情况下运行程序。PyInstaller 可以将 Python 程序打包成独立的、可执行的文件，无须安装第三方库，非常方便。PyInstaller 可以用命令行或脚本实现，支持 Windows、Linux 和 MacOS 等操作系统。下面以 Windows 为例进行介绍。

　　使用 PyInstaller 打包 Python 程序很简单，只需要按照以下步骤操作。

　　第一步：进入 Python 程序所在的目录。

　　在打包前，需要进入 Python 程序所在的目录。可以使用命令行进入，也可以直接打开该目录，执行"cd Python 程序所在路径"命令，打包示例如图 3-7 所示。

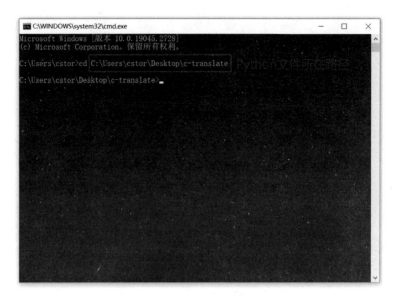

图 3-7　打包示例

第二步：使用命令行打包程序，如图 3-8 所示。

输入以下命令。

```
pyinstaller -F -w your_program.py
```

其中，your_program.py 是要打包的程序名称；-F 表示将程序打包为单个可执行文件；-w 表示禁止命令行弹出。

此外，还可以使用其他参数来调整打包过程。

-D：将 Python 程序打包为一个文件夹。

-i：生成图标，只适用于 Windows 平台。

-n：指定打包后生成文件的名称。

打包完成后，在程序所在目录下会生成一个 dist 目录，在该目录下会生成一个可执行文件。这个可执行文件包含 Python 解释器、所需的库和程序本身，可以在没有 Python 环境的情况下直接运行程序。

第三步：测试程序是否打包成功，如图 3-9 所示。

进入 dist 目录，双击可执行文件，查看程序是否正常运行。如果程序正常运行，则说明打包成功。

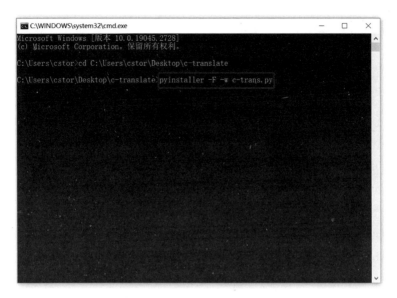

图 3-8　使用命令行打包程序

图 3-9　测试程序是否打包成功

　　PyInstaller 还支持一些高级功能，如自定义打包选项、打包外部库、打包
GUI 程序等。要想深入了解这些功能，可以查看 PyInstaller 的官方文档。

3.3 习题

1. 选择题

（1）下列哪个函数可以对列表进行排序？（　　）

A. sort()　　　　　　　　　　B. append()

C. insert()　　　　　　　　　　D. remove()

（2）以下代码的输出是什么？（　　）

```
my_list = [1, 2, 3]
print(my_list[3])
```

A. 1　　　　　　　　　　　　B. 2

C. 3　　　　　　　　　　　　D. 报错

（3）采用下面哪个方法可以在 Python 中打开一个文件？（　　）

A. file("example.txt", "r")　　　　B. open("example.txt", "w")

C. read("example.txt")　　　　　D. write("example.txt", "w")

2. 判断题

（1）Python 中的全局变量会增加不同函数之间的隐式耦合度，从而降低代码可读性，因此应尽量避免过多使用全局变量。（　　）

（2）Python 中的一切内容都可以被称为对象。（　　）

（3）正则表达式元字符 "\s" 可以用于匹配任意空白字符。（　　）

（4）Python 类支持多继承。（　　）

3. 编程题

（1）将字符串 s ="ajldjlajfdljfddd"去重并从小到大排序输出"adfjl"。

（2）写一个爬虫程序，爬取豆瓣电影评分前 100 名。

（3）定义一个类，它具有类参数，且具有相同的实例参数。

第 4 章

ChatGPT 智能写作

在当前信息爆炸的时代，人们需要处理和产生大量的文本内容，如新闻报道、广告文案、科技论文、小说等。然而，对于大多数人来说，写作并不是一件容易的事情。有些人可能缺乏写作技巧和经验，有些人可能缺乏时间和精力，有些人可能缺乏灵感和创意。因此，人们需要更高效、更便捷、更智能的写作工具，以快速生成各类文本内容。

本章介绍如何使用 ChatGPT 构建智能写作应用程序，并提供详细的代码。

学习重点
◎掌握智能写作代码部署情况。
◎学习简单的 VBA 代码知识。
◎掌握 ChatGPT 的 API 接口使用方法。

4.1　智能写作应用介绍

在正式开始制作智能写作应用前，先介绍为什么要制作这样一款智能写作应用，以及需要做哪些准备。

4.1.1　ChatGPT 智能写作的优势

ChatGPT 智能写作是一种基于人工智能技术的自然语言生成系统，它能够模拟人类的写作风格和思维方式，生成高质量、流畅、自然的文章、故事、对话等文本内容。ChatGPT 采用了前沿的神经网络模型，可以通过学习大量的语料库来提高所生成文本的质量和准确性。同时，ChatGPT 还可以根据用户的需求实现定制化输出，如针对不同领域的专业术语、行业特点等进行优化。ChatGPT 智能写作的优势在于能够快速、准确地生成各类文本，从而提高人们的写作效率和质量。与传统的写作方式相比，ChatGPT 具有以下 3 个优势。

（1）省时省力。ChatGPT 可以帮助人们快速生成各类文本，节省人们的时间和精力。

（2）提高质量。由于 ChatGPT 采用了前沿的神经网络模型，因此生成的文本质量非常高、流畅自然，无明显的语法和逻辑错误。

（3）定制化输出。ChatGPT 可以根据用户的需求实现定制化输出，如针对不同领域的专业术语、行业特点等进行优化，从而更好地满足用户需求。

4.1.2　智能写作的应用场景

ChatGPT 智能写作的应用场景非常多，可以应用于新闻媒体、广告营销、教育培训等领域。例如，在新闻媒体领域，ChatGPT 可以帮助新闻编辑快速撰写新闻稿件，提高新闻报道的效率和质量；在广告营销领域，ChatGPT 可以帮助广告公司快速生成各种类型的广告文案，增强广告效果和提高转化率；在教育培训领域，ChatGPT 可以帮助教育机构生成教学资料和课程内容，提高学习效果和体验。

4.1.3　VBA 编程

VBA（Visual Basic for Applications）编程是一种基于 Visual Basic 语言的编程方式，专门用于实现 Microsoft Office 应用程序中的自动化和数据处理功能。VBA 是一种嵌在 Microsoft Office 应用程序中的编程语言。通过使用 VBA 编程，用户可以创建自定义宏和脚本，以实现自动化和数据处理功能等。

VBA 编程语言具有以下特点。

（1）集成在 Microsoft Office 应用程序中。VBA 编程语言是 Microsoft Office 应用程序的一部分，并且可以访问 Microsoft Office 应用程序的对象模型，包括 Excel、Word、Access 等。

（2）简单易学。VBA 编程语言基于 Visual Basic 语言，语法简单易懂，易于学习和掌握。

（3）可视化编程。VBA 编程语言支持可视化编程，用户可以通过录制宏或使用内置的开发工具来创建代码。

（4）自定义功能。通过编写 VBA 代码，用户可以定义 Microsoft Office 应用程序的功能，从而提高生产力并节省时间。

（5）与其他编程语言兼容。VBA 编程语言与其他编程语言（如 C++、Java）兼容，并可以使用其他编程语言的库和函数。

在使用 VBA 编程时，用户可以使用各种技术和方法，如条件语句、循环、数组、函数、对象等。VBA 编程语言还提供了一些内置的对象和方法，如 Workbook、Worksheet、Range 等，这些对象和方法使用户可以更轻松地处理数据和执行自动化任务。

本章所进行的智能写作应用开发，会使用 VBA 做一个可以实现智能写作功能的 Word 小程序，使其可以直接嵌在 Word 中。

4.2 ChatGPT 智能写作应用开发

要想开发 ChatGPT 智能写作应用，就需要对 ChatGPT 和 OpenAI API 有足够的认识。通过开发 ChatGPT 智能写作应用，读者会对人工智能应用开发有一个清晰的认识。

4.2.1 导入模块

在程序的开头需要导入一些模块，包括 openai、re 和 tkinter。openai 是用于调用 OpenAI API 生成文章、联想和纠错的模块；re 是用于处理字符串的正则表达式模块；tkinter 是 Python 自带的 GUI 库，用于创建窗口和控件。

需要将 openai 模块安装到环境中，在终端输入以下命令。

```
pip install openai
```

这里可能会出现下载失败的情况，此时可以使用国内的源进行下载，在终端使用以下代码。

```
pip install openai -i https://pypi.tuna.tsinghua.edu.cn/simple/
```

这里使用的源由清华大学开源软件镜像站提供。

在模块安装完成后，需要在程序中对所需模块进行调用，代码如下。

```
import openai
import tkinter as tk
from tkinter import ttk
```

4.2.2　调用 OpenAI API 的用户登录界面

要想开发 ChatGPT 的智能写作应用，必然要调用 OpenAI 的 API，前面已经介绍了如何申请。要想调用，就要输入个人的 API 密钥，这里可以设计一个用户登录界面。

创建一个 LoginWindow 类，在类中设计窗口界面，该界面包含一个标签、一个输入框和一个按钮。代码如下。

```python
class LoginWindow(tk.Tk):
    def __init__(self):
        super().__init__()
        self.title("登录")
        #设置窗口大小
        self.geometry("400x200")

        #创建 GUI 控件
        self.api_key_label = tk.Label(self, text="API 密钥:")

        self.api_key_text = tk.Entry(self, show="*")

        self.login_button = tk.Button(self, text="登录", command=self.login)

        #设置布局
        self.api_key_label.grid(row=0, column=0)

        self.api_key_text.grid(row=0, column=1)

        self.login_button.grid(row=1, column=0, columnspan=2)

        #初始化 translator 变量
        self.writingtool = None
```

在初始化函数中，先调用 super()函数，以继承父类的初始化方法，再设置窗口的标题和大小，然后创建 3 个 GUI 控件：一个标签、一个输入框和一个按钮。标签用于显示文本，输入框用于接收用户输入，按钮则用于触发登录操作。这些控件被分别赋值给 api_key_label、api_key_text 和 login_button 变量。

在布局方面，使用 grid()将标签、输入框和按钮分别放在第一行第一列、第一行第二列和第二行第一列，并使用 columnspan 参数使按钮跨越两列。这样就实现了简单的布局。

初始化一个 writingtool 变量并将其赋值为 None。在登录函数中会使用该变量。

接下来定义登录函数，使用户在输入正确的 API 密钥时，可以登录，输入错误的密钥也要返回一定的结果，代码如下。

```
def login(self):
    #获取用户输入的 API 密钥
    api_key = self.api_key_text.get()


    #检查 API 密钥是否有效
    openai.api_key = api_key
    try:
        openai.Completion.create(engine="davinci", prompt="test", max_tokens=5)
        #如果 API 密钥有效，则关闭登录窗口并打开翻译窗口
        self.destroy()
        self.writingtool = IntelligentWritingTool()
        self.writingtool.mainloop()
    except Exception as e:
        #如果 API 密钥无效，则显示错误消息
        error_dialog = tk.Toplevel(self)
        error_dialog.title("错误")
        error_dialog.geometry("200x100")
        error_label = tk.Label(error_dialog, text="无效的 API 密钥，请重新输入！")
        error_label.pack(pady=20)
        error_button = tk.Button(error_dialog, text="关闭", command = error_dialog.
destroy)
        error_button.pack(pady=10)
```

首先，利用 self.api_key_text.get()获取用户输入的 API 密钥，并将其赋值给 api_key 变量；其次，将这个 API 密钥设置为 openai 模块的全局变量 api_key，以便在后续操作中使用；最后，使用 openai.Completion.create()测试 API 密钥是否有效，其会向 OpenAI API 发送一个请求，请求生成一段文本，如果 API 密钥有效，则返回生成的文本；如果 API 密钥无效，则显示错误消息。

如果 API 密钥有效，则关闭登录窗口并打开翻译窗口。具体来说，即通过 self.destroy()关闭当前窗口，然后调用 IntelligentWritingTool()对象，并通过调用 self.writingtool.mainloop()来打开这个窗口。IntelligentWritingTool()对象代表智能写作工具，后面会定义这个对象。

如果 API 密钥无效，则显示错误消息。具体来说，即通过 tk.Toplevel()创建一个新的顶层窗口 error_dialog；设置窗口的标题和大小，并创建标签 error_label，用于显示错误消息；创建按钮 error_button，并通过调用 error_dialog.destroy()来关闭这个窗口。

这样我们就实现了一个简单的登录函数，用于处理用户登录 API 密钥的操作。它通过获取用户输入的 API 密钥，并使用 OpenAI API 测试这个 API 密钥是否有效，来判断用户输入的 API 密钥是否正确。如果 API 密钥正确，则打开一个智能写作工具窗口；如果 API 密钥错误，则打开一个错误消息窗口。

利用上述代码得到的用户登录界面如图 4-1 所示。

图 4-1　用户登录界面

当 API 密钥无效时显示的错误消息如图 4-2 所示。

图 4-2　当 API 密钥无效时显示的错误消息

4.2.3　界面的编写

通过阅读 4.2.2 节，相信大家已经对如何调用 OpenAI API 有了初步了解，接下来介绍智能写作工具窗口。

创建一个新的类，这个类的类名是 IntelligentWritingTool，代码如下。

```
class IntelligentWritingTool(tk.Tk):
```

在类中设计一个 ChatGPT 智能写作工具窗口，窗口共包含 3 个选项卡："生成文章""纠错"和"续写"。每个选项卡中都有不同的控件和按钮，用于实现不同的功能，代码如下。

```
def __init__(self):
    super().__init__()
    self.title("智能写作工具")
    #设置窗口大小
    self.geometry("800x600")


    #创建 GUI 控件
    self.notebook = ttk.Notebook(self)
```

在"生成文章"选项卡中有以下控件和按钮。

● "标题"标签：用于显示"标题"文本。
● "标题"文本框：用于输入文章标题。
● "字数"标签：用于显示"字数"文本。
● "字数"文本框：用于输入文章字数。

- ● "文章类型"标签：用于显示"文章类型"文本。
- ● "文章类型"文本框：用于输入文章类型。
- ● "文章语言"标签：用于显示"文章语言"文本。
- ● "文章语言"下拉菜单：用于选择文章语言。
- ● "生成"按钮：用于生成文章。
- ● "文章内容"标签：用于显示"文章内容"文本。
- ● "文章内容"文本框：用于显示生成的文章内容。

具体代码如下。

```python
# "生成文章"选项卡
self.generate_tab = ttk.Frame(self.notebook)
self.notebook.add(self.generate_tab, text="生成文章")

self.title_label = tk.Label(self.generate_tab, text="标题:")
self.title_text = tk.Entry(self.generate_tab)
self.length_label = tk.Label(self.generate_tab, text="字数:")
self.length_text = tk.Entry(self.generate_tab)
self.article_type_label = tk.Label(self.generate_tab, text="文章类型:")
self.article_type_text = tk.Entry(self.generate_tab)

self.language_label = tk.Label(self.generate_tab, text="文章语言:")
self.language_menu = ttk.Combobox(self.generate_tab, values=languages)
self.generate_button = tk.Button(self.generate_tab, text="生成", command=self.generate_
article)
self.article1_label = tk.Label(self.generate_tab, text="文章内容:")
self.article1_text = tk.Text(self.generate_tab)

self.title_label.grid(row=0, column=0)
self.title_text.grid(row=0, column=1)
self.length_label.grid(row=1, column=0)
self.length_text.grid(row=1, column=1)
self.article_type_label.grid(row=2, column=0)
```

```
self.article_type_text.grid(row=2, column=1)
self.language_label.grid(row=3, column=0)
self.language_menu.grid(row=3, column=1)
self.generate_button.grid(row=4, column=0, columnspan=2)
self.article1_label.grid(row=5, column=0)
self.article1_text.grid(row=5, column=1)
```

在"纠错"选项卡中，有以下控件和按钮。

- "文章内容"标签：用于显示"文章内容"文本。
- "文章内容"文本框：用于输入需要纠错的文章内容。
- "纠错"按钮：用于对文章进行纠错。
- "修改后的文章内容"标签：用于显示"修改后的文章内容"文本。
- "修改后的文章内容"文本框：用于显示修改后的文章内容。

具体代码如下。

```
# "纠错"选项卡
self.correct_tab = ttk.Frame(self.notebook)
self.notebook.add(self.correct_tab, text="纠错")

self.article2_label = tk.Label(self.correct_tab, text="文章内容:")
self.article2_text = tk.Text(self.correct_tab)
self.correct_button = tk.Button(self.correct_tab, text="纠错", command=self.correct_
article)
self.article3_label = tk.Label(self.correct_tab, text="修改后的文章内容:")
self.article3_text = tk.Text(self.correct_tab)

self.article2_label.grid(row=0, column=0)
self.article2_text.grid(row=0, column=1)
self.correct_button.grid(row=1, column=0, columnspan=2)
self.article3_label.grid(row=2, column=0)
self.article3_text.grid(row=2, column=1)
```

在"续写"选项卡中，有以下控件和按钮。

- "文章内容"标签：用于显示"文章内容"文本。

- "文章内容"文本框：用于输入需要续写的文章内容。
- "续写"按钮：用于对文章进行续写。
- "续写后的文章内容"标签：用于显示"续写后的文章内容"文本。
- "续写后的文章内容"文本框：用于显示续写后的文章内容。

具体代码如下。

```
# "续写"选项卡
self.continue_tab = ttk.Frame(self.notebook)
self.notebook.add(self.continue_tab, text="续写")

self.article4_label = tk.Label(self.continue_tab, text="文章内容:")
self.article4_text = tk.Text(self.continue_tab)
self.continue_button = tk.Button(self.continue_tab, text="续写", command=self.continue_article)
self.article5_label = tk.Label(self.continue_tab, text="续写后的文章内容:")
self.article5_text = tk.Text(self.continue_tab)

self.article4_label.grid(row=0, column=0)
self.article4_text.grid(row=0, column=1)
self.continue_button.grid(row=1, column=0, columnspan=2)
self.article5_label.grid(row=2, column=0)
self.article5_text.grid(row=2, column=1)
```

这些控件和按钮都是通过 tkinter 和 ttk 模块创建的。其中，Notebook 控件用于创建选项卡，Label 控件用于创建文本标签，Entry 控件用于创建文本输入框，Combobox 控件用于创建下拉菜单，Button 控件用于创建按钮，Text 控件用于创建多行文本框。利用 grid 可以将这些控件放在窗口中，并设置它们的位置和大小。

最后，使用 pack 布局将 Notebook 控件添加到窗口中，代码如下。

```
#将 Notebook 控件添加到窗口中
self.notebook.pack(expand=True, fill=tk.BOTH)
```

实现的效果如下。智能写作工具的"生成文章""纠错"和"续写"选项卡分别如图 4-3、图 4-4 和图 4-5 所示。

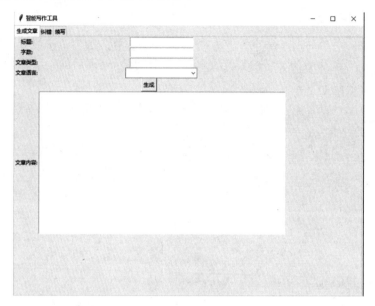

图 4-3　智能写作工具的"生成文章"选项卡

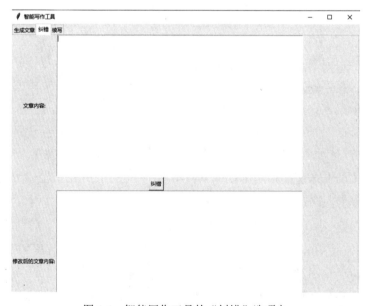

图 4-4　智能写作工具的"纠错"选项卡

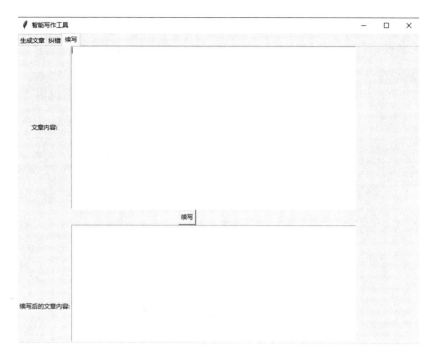

图 4-5　智能写作工具的"续写"选项卡

至此，完成了智能写作工具的界面创建工作，目前这个界面还是空壳，
虽然有按钮，但是单击后没有任何反应，这是因为还没有定义相关函数。
接下来为这个界面添加相应的功能。

4.2.4　生成文章页面编写

定义生成文章的函数 generate_article，代码如下。

```
#定义生成文章的函数
def generate_article(self):
```

这里使用 Entry 控件的 get() 和 Combobox 控件的 get()，分别获取用户输
入的文本和下拉菜单中的选项，代码如下。

```
#获取用户输入的标题、字数、文章类型，以及语言
title = self.title_text.get()
```

```
length = self.length_text.get()
article_type = self.article_type_text.get()
language = self.language_menu.get()
```

由于语言需要在下拉菜单中选择，而不是由用户输入的，所以需要在主函数中添加可以选择的语言，代码如下。

```
languages = [
    "简体中文",
    "英语",
    "西班牙语",
    "法语",
    "德语",
    "日语",
    "韩语",
    "葡萄牙语",
    "俄语",
    "意大利语"
]
```

这里简单列举了几种 ChatGPT 可以生成的语言。

接着构建 OpenAI API 请求，代码如下。

```
#构建 OpenAI API 请求
prompt = f"你现在是一名作家，请用{language}写一篇以《{title}》为题的{article_type}，字数为{length}。"
model_engine = "text-davinci-003"
completion = openai.Completion.create(
    engine=model_engine,
    prompt=prompt,
    max_tokens=1024
)
```

这里采用催眠的方式。首先，构建一个 prompt 字符串，其中包含用户输入的标题、字数、文章类型和语言，将其作为 API 请求的输入；其次，

指定使用的模型引擎和最大 tokens 数，通过调用 openai.Completion.create()
来创建一个 API 请求对象；最后，获取文章内容并将其显示在窗口中，代
码如下。

```
#获取文章内容并将其显示在窗口中
response = completion.choices[0].text
self.article1_text.delete(1.0, tk.END)
self.article1_text.insert(tk.END, response)
```

这里从 API 请求的响应中获取文章内容，并将其显示在窗口的"文章内
容"文本框中。首先，使用 completion.choices 属性获取响应结果；其次，获
取第一个结果的文本内容；最后，使用 Text 控件的 delete()和 insert()清空原
有内容并插入新的内容。

智能写作工具的生成文章页面效果如图 4-6 所示。

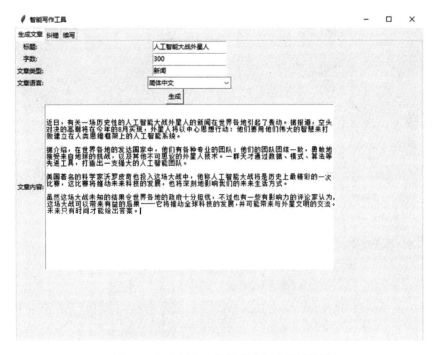

图 4-6　智能写作工具的生成文章页面效果

4.2.5　文章纠错页面编写

定义纠错函数 correct_article，代码如下。

```
#定义纠错函数
def correct_article(self):
```

这里使用 Text 控件的 get() 来获取用户输入的文章内容，代码如下。

```
#获取用户输入的文章内容
article = self.article2_text.get(1.0, tk.END)
```

接着利用所获取的文章内容来构建 OpenAI API 请求，代码如下。

```
#构建 OpenAI API 请求
prompt = f"校正下列完整文章并返回：\n"{article}""
model_engine = "text-davinci-003"
completion = openai.Completion.create(
    engine=model_engine,
    prompt=prompt,
    max_tokens=1024
)
```

这里同样采用催眠的方式。首先，构建一个 prompt 字符串，其中包含需要纠错的文章内容，将其作为 API 请求的输入；其次，指定使用的模型引擎和最大 tokens 数，通过调用 openai.Completion.create() 来创建一个 API 请求对象；最后，获取修改后的文章内容并将其显示在窗口中，代码如下。

```
#获取修改后的文章内容并将其显示在窗口中
response = completion.choices[0].text
self.article3_text.delete(1.0, tk.END)
self.article3_text.insert(tk.END, response)
```

这里从 API 请求的响应中获取修改后的文章内容，并将其显示在窗口的"修改后的文章内容"文本框中。首先，使用 completion.choices 属性获取响应结果；其次，获取第一个结果的文本内容；最后，使用 Text 控件的 delete() 和 insert() 清空原有内容并插入新的内容。

智能写作工具的纠错页面效果如图 4-7 所示。

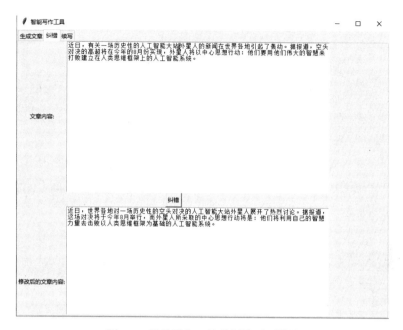

图 4-7　智能写作工具的纠错页面效果

4.2.6　续写页面编写

下面用类似的形式实现续写页面。定义续写函数 continue_article，代码如下。

```
#定义续写函数
def continue_article(self):
```

这里使用 Text 控件的 get() 来获取用户在"文章内容"文本框中输入的完整文章内容，代码如下。

```
#获取用户输入的文章内容
article = self.article4_text.get(1.0, tk.END)
```

接着构建 OpenAI API 请求，代码如下。

```
#构建 OpenAI API 请求
prompt = f"续写下列完整文章并返回：\n"{article}""
model_engine = "text-davinci-003"
```

```
completion = openai.Completion.create(
    engine=model_engine,
    prompt=prompt,
    max_tokens=1024
)
```

这里同样采用催眠的方式，由 OpenAI API 进行文章续写。首先，构建一个 prompt 字符串，其中包含需要续写的文章内容，将其作为 API 请求的输入；其次，指定使用的模型引擎和最大 tokens 数，通过调用 openai.Completion.create() 来创建一个 API 请求对象；最后，获取续写后的文章内容并将其显示在窗口中，代码如下。

```
#获取续写后的文章内容并将其显示在窗口中
response = completion.choices[0].text
self.article5_text.delete(1.0, tk.END)
self.article5_text.insert(tk.END, response)
```

这里从 API 请求的响应中获取续写后的文章内容，并将其显示在窗口的"续写后的文章内容"文本框中。首先，使用 completion.choices 属性获取响应结果；其次，获取第一个结果的文本内容；最后，使用 Text 控件的 delete() 和 insert() 清空原有内容并插入新的内容。

智能写作工具的续写页面效果如图 4-8 所示。

启动 GUI 程序才能使页面得以显示，代码如下。

```
if __name__ == "__main__":
    #启动 GUI 程序
    login_window = LoginWindow()
    login_window.mainloop()
```

至此，智能写作工具就制作完成了，其满足了智能写作需求，可以生成文章、纠错和续写文章。它使用了 OpenAI API 进行自然语言处理和生成文章。在 GUI 方面，使用了 Python 的 tkinter 库来创建窗口和 GUI 控件。整个程序的逻辑是先登录，验证 API 密钥是否有效，如果有效则打开主窗口，用户可以在主窗口中选择要执行的操作。对于每个操作，程序会构建相应的 OpenAI API 请求，并将结果显示在窗口中。

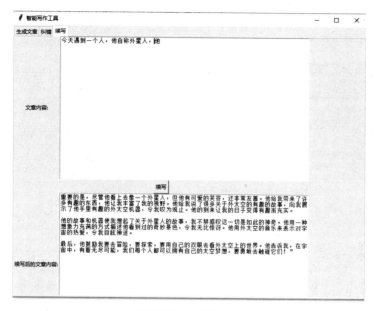

图 4-8　智能写作工具的续写页面效果

4.3　ChatGPT Word 小插件

前面制作了智能写作工具，如果想在 Word 这样的办公软件中直接使用 ChatGPT，该怎么做呢？

下面会用到前面介绍的 VBA 编程，可以直接在 Word 中编程。

4.3.1　VBA 开发环境的基础知识

使用 VBA 开发环境不需要额外的开发软件，可以直接在微软的 Microsoft Office 系列软件中使用，下面以 Word 为例进行介绍。

这里以 Microsoft Office 2019 为例，在 Word 中打开"文件"选项卡，单击"选项"按钮，如图 4-9 所示。

图 4-9   单击"选项"按钮

在弹出的"Word 选项"对话框中选择"自定义功能区"选项卡，在右侧
"自定义功能区"列表框中勾选"开发工具"复选框，如图 4-10 所示。

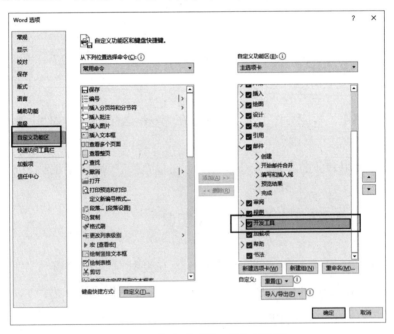

图 4-10   勾选"开发工具"复选框

勾选后，在上方可以找到"开发工具"选项卡，单击"Visual Basic"按钮，即可进入编程区，如图 4-11 所示。

图 4-11　单击"Visual Basic"按钮

在编程区，需要创建一个新模块，创建新模块的方法如图 4-12 所示。

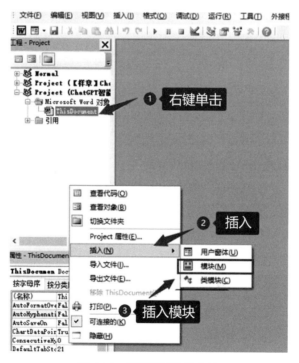

图 4-12　创建新模块的方法

在创建完成后就可以进行编程了。

4.3.2 ChatGPT Word 小插件的编写

通过这个小插件，我们希望达到的效果是可以在 Microsoft Word 中调用 OpenAI 的 GPT-3 API 进行聊天。具体来说，它会将用户在 Word 中选中的文本作为输入，发给 OpenAI 的 API，然后将返回的聊天内容插入文档。

需要先声明变量和常量，代码如下。

```
Sub ChatGPT()

    Dim selectedText As String
    Dim apiKey As String
    Dim response As Object, re As String
    Dim midString As String
    Dim ans As String
```

这里声明了 5 个变量，分别用于存储用户选中的文本、API 密钥、API 返回的响应、从响应中提取的内容及最终要插入文档的完整回复。

接着检查用户是否选中了文本，代码如下。

```
If Selection.Type = wdSelectionHormal Then
```

这里使用了 Microsoft Word 的 Selection 对象，检查用户是否选中了文本。如果没有选中，则直接退出程序。

如果判断为选中，则获取用户选中的文本，代码如下。

```
selectedText = Selection.Text
selectedText = Replace(selectedText, ChrW$(13)，"")
```

如果用户选中了文本，则将其存储到 selectedText 变量中，并使用 Replace 函数删除其中的换行符。

在获取文本后设置 API 参数并发送请求，代码如下。

```
apiKey = "Your OperAT API"
URL = "请输入 OpenAI ChatCompletion 接口"


Set response = CreateObject("MSXML2.HTTP")
```

```
response.Open "POST", URL, False
response. setRequestHeader "Content-Type", "application/json"
response. setRequestHeader "Authorization", "Bearer" + apiKey
response.Send "{""model"":""gpt-3.5-turbo"",""messages"":[{""role"":""user"",""content"":""" &
selectedText & """}], ""temperature"":0.7}"
```

这里设置了 API 密钥和 API 端点，并使用 MSXML2.XMLHTTP 对象发送 HTTP POST 请求。请求参数包括要使用的 GPT-3 模型名称（这里使用的是"gpt-3.5-turbo"）、用户输入的文本及生成回复时的"温度"参数（这里设置为 0.7，表示希望生成多样性较强的回复）。

在发送请求后要等待并解析 API 返回值，然后提取回复内容，并将其插入文档，代码如下。

```
re = response.responseText
midString = Mid(re, InStr(re,"""content"":""") + 11)
ans = Split(midString,"""")(0)
ans = Replace(ans, "\n", "")
Selection.Text = selectedText & vbNewLine & ans
```

API 返回的响应是一个 JSON 字符串，包含生成的回复内容。这里使用 Mid()函数和 Split 函数()从 JSON 字符串中提取回复内容，并使用 Replace 函数()删除其中的换行符。最后，将用户输入的文本和生成的回复内容一起插入文档。其中，vbNewLine 表示换行符。

这样，一个简易的 ChatGPT Word 小插件就制作完成了。

完整代码如下。

```
Sub ChatGPT()

    Dim selectedText As String
    Dim apiKey As String
    Dim response As Object, re As String
    Dim midString As String
    Dim ans As String
```

```
    If Selection.Type = wdSelectionNormal Then
    selectedText = Selection.Text
    selectedText = Replace(selectedText, ChrW$(13), "")

    apiKey = "Your OpenAI API"
    URL = "请输入 OpenAI ChatCompletion 接口"

    Set response = CreateObject("MSXML2.XMLHTTP")
    response.Open "POST", URL, False
    response.setRequestHeader "Content-Type", "application/json"
    response.setRequestHeader "Authorization", "Bearer " + apiKey
    response.Send   "{""model"":""gpt-3.5-turbo"",  ""messages"":[{""role"":""user"","
"content"":""" & selectedText & """}], ""temperature"":0.7}"
    re = response.responseText
    midString = Mid(re, InStr(re, """content"":""") + 11)
    ans = Split(midString, """""")(0)
    ans = Replace(ans, "\n", "")
    Selection.Text = selectedText & vbNewLine & ans

    Else
      Exit Sub
    End If
End Sub
```

4.3.3　ChatGPT Word 小插件的使用

在程序编写完成后，还无法直接在 Word 中运行，需要进行一些简单的操作。

需要先添加一个宏，添加宏的方法如图 4-13 所示。

接着在 Word 中写一段文字，实现与 ChatGPT 的交互，操作方法和实际效果分别如图 4-14 和图 4-15 所示。

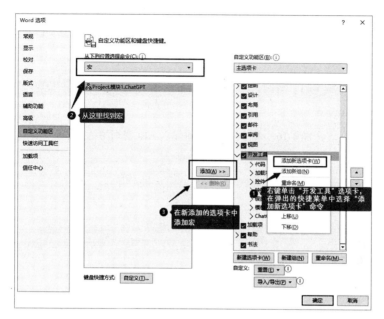

图 4-13　添加宏的方法

图 4-14　操作方法

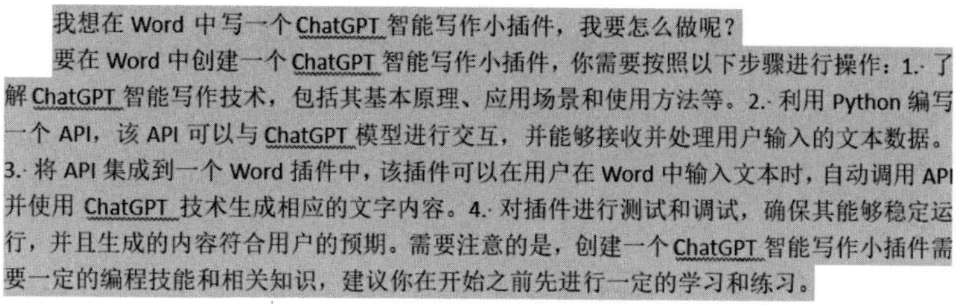

我想在 Word 中写一个 ChatGPT 智能写作小插件,我要怎么做呢?

要在 Word 中创建一个 ChatGPT 智能写作小插件,你需要按照以下步骤进行操作:1. 了解 ChatGPT 智能写作技术,包括其基本原理、应用场景和使用方法等。2. 利用 Python 编写一个 API,该 API 可以与 ChatGPT 模型进行交互,并能够接收并处理用户输入的文本数据。3. 将 API 集成到一个 Word 插件中,该插件可以在用户在 Word 中输入文本时,自动调用 API 并使用 ChatGPT 技术生成相应的文字内容。4. 对插件进行测试和调试,确保其能够稳定运行,并且生成的内容符合用户的预期。需要注意的是,创建一个 ChatGPT 智能写作小插件需要一定的编程技能和相关知识,建议你在开始之前先进行一定的学习和练习。

图 4-15　实际效果

需要注意的是，要想正常使用宏，需要在代码中正确填写 OpenAI 的 API 密钥，如果填写不正确，则会出现如图 4-16 所示的结果。

我想在 Word 中写一个 ChatGPT 智能写作小插件，我要怎么做呢？
or↵

图 4-16　未在代码中正确填入 API 密钥的结果

4.4 习题

1. 判断题

（1）ChatGPT 是一种基于人工智能技术的自然语言处理模型，可以应用于智能写作领域。这个模型可以根据输入的文本内容自动产生相应的回复，实现智能的对话交流。（　　）

（2）ChatGPT 模型在智能写作方面的应用受到了很大的限制，因为它只能生成相对简单的文本，难以应用于复杂的文章或文学作品的写作。（　　）

（3）VBA 在 Word 方面的应用方向非常有限，只能进行一些简单的宏编程，难以实现复杂的自动化处理。（　　）

（4）在 Tkinter 中，所有的 GUI 组件都必须在主循环中运行，因为 Tkinter 使用事件驱动模型处理用户交互，而主循环负责监听并响应各种事件。（　　）

（5）要在 Python 程序中调用 OpenAI API，可以直接使用 Python 内置的 urllib 库发送 HTTP 请求，无须使用第三方库。（　　）

2. 填空题

（1）创建一个顶层窗口显示错误消息，包括标题、标签和关闭按钮，最后通过调用＿＿＿＿＿＿方法关闭窗口。

（2）在创建选项卡的过程中，通常使用_____控件。

3. 简答题

（1）如果希望实现智能写作功能，需要提前给 ChatGPT 返回怎样的语句来让它达到所期望的效果？

（2）请简述在 Word 中开启宏所需要进行的操作。

（3）请简述实现智能写作工具纠错部分功能的操作流程。

第 5 章

ChatGPT 交互机器人开发

机器人行业在过去几年内快速发展，涉及许多应用领域，所应用的机器人包括工业机器人、农业机器人、服务机器人等，大多数智能机器人都需要与人类有行为上的交互，可以被称为交互机器人。

交互机器人是人工智能的重要应用之一，它可以帮助人们完成很多工作，如在工厂中进行生产和物流管理，在果园中采摘成熟的水果并分拣装箱，在家中扫地、做饭、照看孩子等。为了完成这些任务，交互机器人需要具备强大的运动控制能力和感知能力，优秀的机器人能够与人进行自然的语言交互，脱离传统的人工控制，从而使机器人在使用上更加方便。

开发机器人需要掌握一定的数据和技术知识，也需要注重满足用户体验和合规性。只有不断改进和优化，才能构建具备强大性能的机器人，为用户提供有价值的交互体验。

ChatGPT 是一种基于深度学习的自然语言处理模型，借助 ChatGPT 生成的代码，开发者可以快速构建高效智能的交互机器人，缩短开发周期。

本章介绍机器人的组件搭建、软件控制及语音交互，使用 ChatGPT 构建交互机器人，并提供详细的代码实现。

学习重点
◎了解交互机器人的开发环境。
◎掌握机器人代码。
◎掌握 ChatGPT API 接口的使用方法。

5.1 开发准备

在开发交互机器人之前，需要做一些准备工作。下面介绍如何安装必要的开发环境，并配置开发所需要的工具。

5.1.1 本地 PyCharm 安装

在本地开发环境中，使用 PyCharm，并安装 GitHub Copilot 插件，以实现代码自动补全和语法纠错功能。

PyCharm 是非常受欢迎的 Python 集成开发环境（IDE），它由 JetBrains 开发，提供了强大的编辑器、调试器和集成开发工具，可以帮助 Python 开发者快速、高效地进行开发。

PyCharm 有两个版本可供选择：专业版和社区版。专业版具有大量的高级功能，适合专业开发者。社区版免费且拥有大部分基本功能，非常适合初学者和个人开发者。这里使用 PyCharm 2023 社区版。

可以通过以下步骤下载和安装 PyCharm 2023 社区版。

（1）打开浏览器，并访问 PyCharm 官网。

（2）单击"Download"按钮，根据操作系统选择相应的下载链接，下载 PyCharm 社区版，如图 5-1 所示。

（3）在下载完成后，打开下载文件并双击安装程序。

（4）在安装向导中，按照提示进行操作，直到完成安装。

在安装 PyCharm 后，需要进行环境配置，以确保可以正确地使用它。下面介绍常见的环境配置过程。

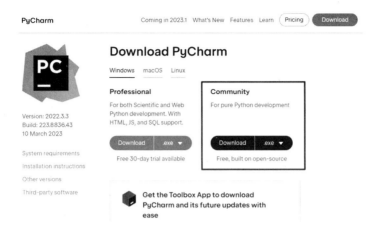

图 5-1　下载 PyCharm 社区版

1. 配置 Python 解释器

在使用 PyCharm 开发 Python 应用程序之前，需要配置 PyCharm 以使用 Python 解释器。在 PyCharm 中，可以通过以下步骤配置 Python 解释器。

（1）打开 PyCharm，单击"New Project"按钮，创建一个新项目。在 PyCharm 中创建新项目如图 5-2 所示。

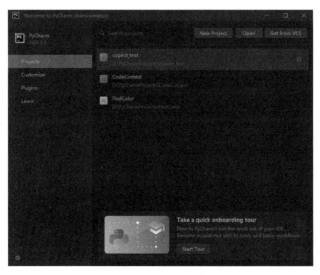

图 5-2　在 PyCharm 中创建新项目

（2）在"New Project"对话框中设置工程存放路径和解释器，如图 5-3 所示。

图 5-3　设置工程存放路径和解释器

图 5-4　选择"File"→"Settings"命令

（3）单击"Create"按钮，完成创建。

2. 配置代码风格

代码风格对于编写清晰易读的代码非常重要。在 PyCharm 中，可以配置代码风格，使其符合我们的编程习惯。常见的代码风格配置过程如下。

（1）打开 PyCharm，选择"File"→"Settings"命令，如图 5-4 所示。

（2）在弹出的"Settings"对话框中展开"Editor"选项，选择"Code Style"，在"Code Style"选项卡中可以设置代码的缩进、空格、换行等。

（3）在"Python"选项卡中可以设置 Python 代码风格，如图 5-5 所示。例如，可以设置如何处理缩进、行长度、函数和类定义等。

图 5-5　设置 Python 代码风格

3. 安装插件

PyCharm 提供了各种插件，可以帮助用户更好地完成各种任务。例如，一些插件可以帮助用户进行代码分析、测试、调试等。常见的插件安装过程如下。

（1）打开 PyCharm，选择"File"→"Settings"命令。

（2）在"Settings"对话框中展开"Plugins"选项，如图 5-6 所示。

（3）可以搜索并安装可用的插件，选择所需要的插件，单击"Install"按钮进行安装。

（4）在安装完成后，需要重新启动 PyCharm，以使插件生效。

图 5-6　展开 "Plugins" 选项

4. 配置代码模板

在编写代码时，经常会使用一些常见的代码结构，进行类定义、函数定义等。在 PyCharm 中，可以配置代码模板，以便在编写代码时快速生成常用代码结构。常见的代码模板配置过程如下。

（1）打开 PyCharm，选择 "File" → "Settings" 命令。

（2）在 "Settings" 对话框中展开 "Editor" 选项，选择 "File and Code Templates" 选项，如图 5-7 所示。

图 5-7　选择 "File and Code Templates" 选项

（3）可以看到可用的代码模板。例如，可以修改"Python Class"模板，以便在编写类时自动生成代码。

（4）在修改模板后，单击"Apply"按钮保存修改内容。

在 PyCharm 中进行环境配置是非常重要的，可以帮助用户更快、更准确地编写代码。

5.1.2　在 PyCharm 中安装 GitHub Copilot 插件

GitHub Copilot 是 GitHub 和 OpenAI 合作开发的一款代码自动生成工具。它使用 OpenAI 的 GPT 模型学习了大量的源代码，并可以根据用户提供的上下文信息生成高质量的代码。与传统的自动补全不同，GitHub Copilot 可以直接根据用户的描述生成代码，而不是只提供代码片段。这使得用户可以快速编写代码，减少手动编写代码的时间和错误。

PyCharm 提供了 GitHub Copilot 插件，使用户可以在 PyCharm 中直接使用 GitHub Copilot 生成代码。在 PyCharm 中使用 GitHub Copilot 的步骤如下。

（1）打开 PyCharm，选择"File"→"Settings"命令。

（2）在"Settings"对话框中展开"Plugins"选项。

（3）在插件列表中搜索"GitHub Copilot"，并单击"Install"按钮进行安装。

（4）在安装完成后，需要重新启动 PyCharm 以使插件生效，然后在 PyCharm 中登录 GitHub Copilot，在 Tools 中选择"GitHub Copilot"→"Login to GitHub"登录命令，如图 5-8 所示。

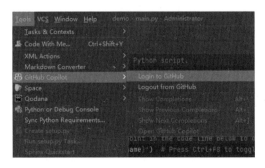

图 5-8　在 PyCharm 中登录 GitHub Copilot

（5）打开 PyCharm 中的编辑器，在需要生成代码的位置输入一些描述性文本注释，如 "#Generate a function to calculate the sum of two numbers"。

（6）另起一行，GitHub Copilot 会弹出提示代码，按[Tab]键即可生成，如图 5-9 所示。

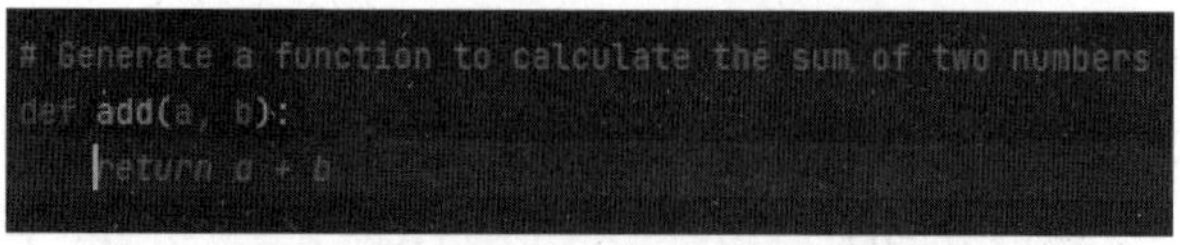

图 5-9　GitHub Copilot 的提示代码

在使用 GitHub Copilot 时，需要提供一些详细的上下文信息，以便 GitHub Copilot 能准确地生成代码。

GitHub Copilot 根据详细的描述生成的代码如图 5-10 所示。这里指定生成快速排序算法，以对数组进行排序，并指定参数和返回值的数据类型。

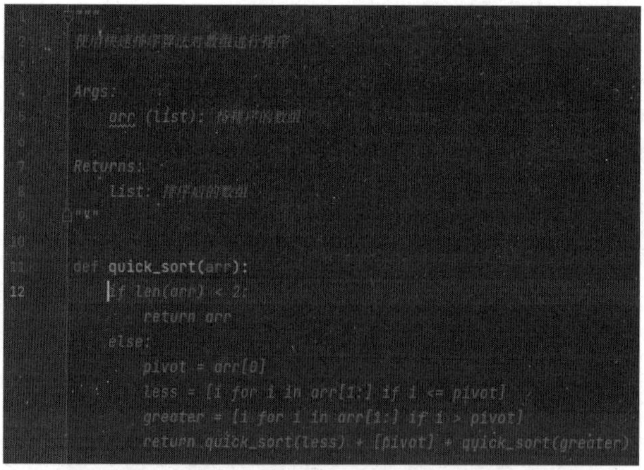

图 5-10　GitHub Copilot 根据详细的描述生成的代码

还可以通过选择不同的语言和风格来控制生成代码的质量和风格，如新建一个 HTML 文件并添加代码描述注释，使用 GitHub Copilot 生成 HTML 代码如图 5-11 所示。

总之，GitHub Copilot 可以帮助用户快速、准确地编写代码，提高编程效率。

```
1    <!--生成网页简易计算器-->
     <!DOCTYPE html>
     <html>
     <head>
     <meta charset="utf-8">
     <title>简易计算器</title>
     </head>
     <body>
     <script type="text/javascript">
     function calc(){
         var num1 = document.getElementById("num1").value;
         var num2 = document.getElementById("num2").value;
         var op = document.getElementById("op").value;
         var result = 0;
         switch(op){
             case "+":
                 result = parseFloat(num1) + parseFloat(num2);
                 break;
             case "-":
                 result = parseFloat(num1) - parseFloat(num2);
                 break;
             case "*":
                 result = parseFloat(num1) * parseFloat(num2);
                 break;
```

图 5-11　使用 GitHub Copilot 生成 HTML 代码

5.1.3　树莓派 Ubuntu 环境搭建

树莓派 4B 是一款小型的单板计算机，由英国的树莓派基金会开发。它具有强大的处理能力和丰富的扩展接口，可以在物联网设备、嵌入式系统，以及在教育项目和个人项目中应用。树莓派 4B 开发板如图 5-12 所示。

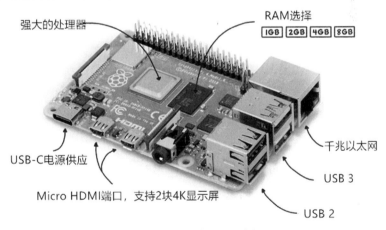

图 5-12　树莓派 4B 开发板

105

树莓派 4B 的主要技术规格如下。

- Broadcom BCM2711，四核 Cortex-A72（ARM v8）64 位 SoC @ 1.5GHz。
- 1GB、2GB 或 4GB LPDDR4-3200 SDRAM（具体取决于型号）。
- 2.4 GHz 和 5.0 GHz IEEE 802.11ac 无线局域网、蓝牙 5.0、BLE。
- 2 个 USB 3.0 端口、2 个 USB 2.0 端口。
- 双 HDMI 接口，支持最高 4Kp60。
- 双千兆以太网口。
- GPIO 标准 40 个针脚。
- 支持 MicroSD 存储卡（最高支持 32GB）。

使用树莓派开发具有以下优点。

- 硬件成本低。树莓派的价格相对较低，适合个人和小型团队使用。
- 扩展能力强。树莓派提供了丰富的扩展接口，可以轻松连接各种传感器和执行器，实现各种物联网应用。
- 支持开源软件。树莓派支持多种开源操作系统，如 Raspbian、Ubuntu 等，可以运行各种开源软件。
- 满足学习需求。树莓派是一种教育工具，可以帮助初学者了解计算机基础知识和编程概念。

下面以在树莓派上安装 Raspbian 系统为例进行介绍。

1．下载镜像

下载网址：https://www.raspberrypi.com/software/。

2．安装镜像到 SD 卡

将 SD 卡插入计算机，使用镜像烧录工具将合适的镜像烧录到 SD 卡中，树莓派镜像烧录器如图 5-13 所示。

3．启动树莓派

将 SD 卡插入树莓派的 SD 卡槽中，接上电源线和 HDMI 线，启动树莓派。

图 5-13　树莓派镜像烧录器

4．连接网络

使用网线连接树莓派和路由器，也可以使用树莓派的无线网络功能连接无线网。

5．更新系统

打开终端，输入以下命令。

```
>>> sudo apt update
>>> sudo apt upgrade
```

这里更新系统的软件包，以确保系统的安全性和稳定性。

6．安装 Python

Ubuntu 系统自带 Python 3.x 版本，可以使用以下命令检查是否安装。

```
>>> python3 --version
```

如果没有安装，可以使用以下命令安装。

```
>>> sudo apt install python3
```

7．测试控制 LED 灯

接下来，写一个简单的 Python 测试程序，以控制树莓派上的 LED 灯闪烁。

需要先将一个 LED 灯连接到树莓派的 GPIO 引脚上，可以参考树莓派官方文档或网络教程。

然后，在终端中输入以下命令，以安装 RPi.GPIO 库。

```
>>> sudo apt install python3-rpi.gpio
```

使用以下 Python 代码控制 LED 灯闪烁。

```
import RPi.GPIO as GPIO
import time

GPIO.setmode(GPIO.BCM)
GPIO.setwarnings(False)
GPIO.setup(18, GPIO.OUT)

while True:
    GPIO.output(18, GPIO.HIGH)
    time.sleep(1)
    GPIO.output(18, GPIO.LOW)
    time.sleep(1)
```

运行上述代码，LED 灯会每隔 1 秒闪烁一次。

5.1.4　智能车搭建

在完成安装后，可以搭建智能车，给开发板装上电动机和轮子，让它动起来。

除了需要使用树莓派主板，还需要使用 L298N 驱动模块（驱动 4 个直流电动机），并给每个电动机装上车轮，用 5V 移动电源给树莓派供电，用 12V 电池给 L298N 供电，将它们全部装在亚克力框架上，一台基本的小车就搭好了，搭建的树莓派小车如图 5-14 所示。

图 5-14　搭建的树莓派小车

5.2　使用 ChatGPT 构建代码

5.2.1　机器人运动控制程序设计与部署

在搭建好智能车后，可以编写代码，以控制其运动。

登录 ChatGPT 账号，获得代码，可以大大缩短开发所需要的时间，但获得的代码不一定可以直接使用，需要进行测试和验证。

这里向 ChatGPT 提问：请用 Python 编写一个由树莓派键盘控制小车运动的程序。

ChatGPT 生成的小车运动代码如图 5-15 所示。

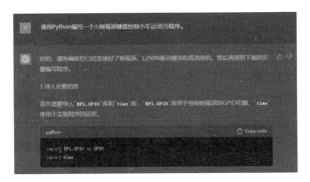

图 5-15　ChatGPT 生成的小车运动代码

这里只展示部分结果，代码如下。

```python
import RPi.GPIO as GPIO
import time

#设置 GPIO 模式
GPIO.setmode(GPIO.BOARD)

#设置引脚编号
motor1A = 16
motor1B = 18
motor2A = 19
motor2B = 21

#设置引脚模式
GPIO.setup(motor1A,GPIO.OUT)
GPIO.setup(motor1B,GPIO.OUT)
GPIO.setup(motor2A,GPIO.OUT)
GPIO.setup(motor2B,GPIO.OUT)

def move_forward():
    GPIO.output(motor1A,GPIO.HIGH)
    GPIO.output(motor1B,GPIO.LOW)
    GPIO.output(motor2A,GPIO.HIGH)
    GPIO.output(motor2B,GPIO.LOW)

def move_backward():
    GPIO.output(motor1A,GPIO.LOW)
    GPIO.output(motor1B,GPIO.HIGH)
    GPIO.output(motor2A,GPIO.LOW)
    GPIO.output(motor2B,GPIO.HIGH)

def turn_left():
```

```
        GPIO.output(motor1A,GPIO.LOW)
        GPIO.output(motor1B,GPIO.HIGH)
        GPIO.output(motor2A,GPIO.HIGH)
        GPIO.output(motor2B,GPIO.LOW)

def turn_right():
        GPIO.output(motor1A,GPIO.HIGH)
        GPIO.output(motor1B,GPIO.LOW)
        GPIO.output(motor2A,GPIO.LOW)
        GPIO.output(motor2B,GPIO.HIGH)

def stop():
        GPIO.output(motor1A,GPIO.LOW)
        GPIO.output(motor1B,GPIO.LOW)
        GPIO.output(motor2A,GPIO.LOW)
GPIO.output(motor2B,GPIO.LOW)

try:
        while True:
                char = input()
                if char == 'w':
                        move_forward()
                elif char == 's':
                        move_backward()
                elif char == 'a':
                        turn_left()
                elif char == 'd':
                        turn_right()
                elif char == 'x':
                        stop()
                        break
except KeyboardInterrupt:
        GPIO.cleanup()
```

将 ChatGPT 提供的代码复制到 PyCharm 中，并命名为 Controller_Demo.py，然后将代码传入树莓派指定位置，接着开启 VNC，通过计算机连接树莓派，运行该脚本并进行测试。

5.2.2　机器人视觉感知程序设计与部署

通过连接树莓派官方摄像头可以为树莓派增加图像采集功能，下面介绍如何连接树莓派官方摄像头，并使用 Python 拍照和进行实时监控。

这里使用的是树莓派官方摄像头 V2 版本，拥有 800 万像素，最高支持 3280×2464 的分辨率，它是一款专为树莓派设计的高清晰度摄像头，由树莓派基金会官方生产和销售，支持多种分辨率和帧率，能够拍摄高质量的静态图像和视频，非常适合在树莓派的智能小车、监控系统中应用。树莓派官方摄像头如图 5-16 所示。

图 5-16　树莓派官方摄像头

连接树莓派官方摄像头非常简单，只需要将摄像头的排线插入树莓派的摄像头接口，如图 5-17 所示。树莓派 4B 的摄像头接口位于主板上方，打开摄像头的卡扣，将摄像头的排线插入接口，再按下接口上方的卡扣，即可将摄像头接口固定在主板上。

开启摄像头，在命令行输入以下代码。

```
>>> sudo raspi-config
```

图 5-17　连接树莓派官方摄像头

raspi-config 主界面如图 5-18 所示。在配置中选择 Interface Options / P1 Camera 并按[Enter]键，开启摄像头，如图 5-19 所示。

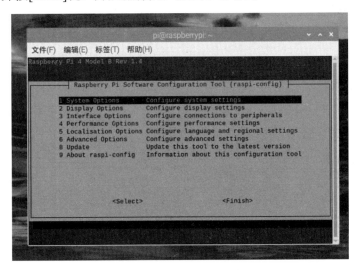

图 5-18　raspi-config 主界面

可以使用 raspitill 命令测试摄像头是否成功连接和开启。raspitill 命令是树莓派提供的图像捕获工具。通过输入以下命令使摄像头获取一个图像并将其保存在当前目录下。

```
>>> raspitill -o test.jpg
```

在摄像头配置无误后，可以编写计算机视觉程序，如人脸识别程序。

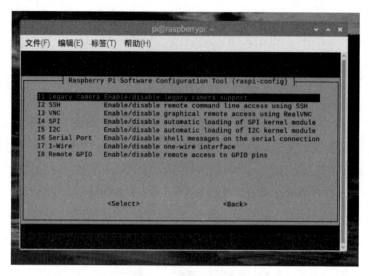

图 5-19 开启摄像头

ChatGPT 生成的人脸识别程序如图 5-20 所示。

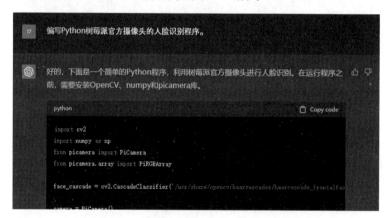

图 5-20 ChatGPT 生成的人脸识别程序

以下是完整代码。

```
import cv2
import numpy as np
from picamera import PiCamera
from picamera.array import PiRGBArray
```

```
face_cascade       =       cv2.CascadeClassifier('/usr/share/opencv/haarcascades/haarcascade_
frontalface_default.xml') #加载人脸分类器

camera = PiCamera()
camera.resolution = (640, 480)
camera.framerate = 30
rawCapture = PiRGBArray(camera, size=(640, 480))

for frame in camera.capture_continuous(rawCapture, format="bgr", use_video_port=True):
    image = frame.array

    gray = cv2.cvtColor(image, cv2.COLOR_BGR2GRAY)
    faces   =   face_cascade.detectMultiScale(gray,   scaleFactor=1.1,   minNeighbors=5,
minSize=(30, 30))

    for (x, y, w, h) in faces:
        cv2.rectangle(image, (x, y), (x+w, y+h), (0, 255, 0), 2)

    cv2.imshow("Frame", image)
    key = cv2.waitKey(1) & 0xFF

    rawCapture.truncate(0)

    if key == ord("q"):
        break


cv2.destroyAllWindows()
```

通过运行上述代码，可以实时从摄像头获取图像，并在图像中检测人脸。
当检测到人脸时，会在人脸周围绘制矩形框，以突出显示，如图 5-21 所示。
按[Q]键可以退出。

图 5-21　检测人脸并绘制矩形框

5.3　ChatGPT 语音交互

5.3.1　语音与文字转换

语音识别和语音合成都是自然语言处理（NLP）的重要分支。

语音识别是将语音转换为计算机可以理解的文字或指令的过程。通过使用各种机器学习和深度学习算法，使计算机可以更好地理解和解释人类的语音。

语音合成是将计算机生成的文本转换为人类可以理解的语音的过程。通过使用各种语音合成技术，计算机可以将文本转换为音频，并通过合成语音来模拟人类的语音。

这两种技术被广泛应用于各种场景，如语音助手、智能音箱、电话客服等。它们可以大大改善人机交互体验，提高效率。

对于树莓派，可以使用第三方语音识别引擎（如 Snowboy、PocketSphinx、Kaldi 等）来实现离线语音识别，但需要下载模型，并将其存入本地存储空间，且模型可能会占用大量的存储空间。

虽然在线语音识别对网络的要求相对较高，但其使用简单快捷，且识别准确率较高。常用的在线语音识别服务有百度 API、Google Cloud Speech-to-Text API、Microsoft Azure Speech Services 等。这些服务可以将语音实时转换为文字，并可以在树莓派上轻松地使用 Python 代码进行集成，其支持多种语言。

在实际应用中，需要根据需求选择合适的识别方式。

下面使用 Speech_Recognition 包，结合百度语音识别 API 的例程，持续录制麦克风的声音，并将其转换为文本，代码如下。

```python
#coding=utf-8
import speech_recognition as sr
import sys
import json
import base64
import io
import time

IS_PY3 = sys.version_info.major == 3

if IS_PY3:
    from urllib.request import urlopen
    from urllib.request import Request
    from urllib.error import URLError
    from urllib.parse import urlencode
    timer = time.perf_counter
else:
    from urllib2 import urlopen
    from urllib2 import Request
    from urllib2 import URLError
    from urllib import urlencode
    if sys.platform == "win32":
        timer = time.clock
```

```
    else:
        #On most other platforms the best timer is time.time()
        timer = time.time


API_KEY = 'YOUR_API_KEY'
SECRET_KEY = 'YOUR_SECRET_KEY'


#需要识别的文件
AUDIO_FILE = 'voice.wav'  #只支持 pcm/wav/amr 格式，极速版还支持 m4a 格式
#文件格式
FORMAT = AUDIO_FILE[-3:]  #文件扩展名只支持 pcm/wav/amr 格式，极速版还
支持 m4a 格式


CUID = '123456PYTHON'
#采样率
RATE = 16000    #固定值


#普通版
DEV_PID = 1537   #1537 表示识别普通话，使用输入法模型。根据文档填写 PID，
选择语言及识别模型
ASR_URL = '请输入百度语音识别 API'
SCOPE = 'audio_voice_assistant_get'


TOKEN_URL = '请输入百度 OAuth2.0 授权服务 API'


def record(rate=16000):
    r = sr.Recognizer()
    with sr.Microphone(sample_rate=rate) as source:
        r.energy_threshold = 300
        r.dynamic_energy_threshold = True
        r.pause_threshold = 1
        print("开始录音")
```

```
        audio = r.listen(source)

    with open("voice.wav", "wb") as f:
        f.write(audio.get_wav_data())
    print("完成录音")



class DemoError(Exception):
    pass



def fetch_token():
    params = {'grant_type': 'client_credentials',
                'client_id': API_KEY,
                'client_secret': SECRET_KEY}
    post_data = urlencode(params)
    if (IS_PY3):
        post_data = post_data.encode( 'utf-8')
    req = Request(TOKEN_URL, post_data)
    try:
        f = urlopen(req)
        result_str = f.read()
    except URLError as err:
        print('token http response http code : ' + str(err.code))
        result_str = err.read()
    if (IS_PY3):
        result_str =   result_str.decode()

    print(result_str)
    result = json.loads(result_str)
    print(result)
    if ('access_token' in result.keys() and 'scope' in result.keys()):
```

```
        print(SCOPE)
        # SCOPE = False  忽略检查
        if SCOPE and (not SCOPE in result['scope'].split(' ')):
            raise DemoError('scope is not correct')
        print('SUCCESS WITH TOKEN: %s    EXPIRES IN SECONDS: %s' %
(result['access_token'], result['expires_in']))
        return result['access_token']
    else:
        raise DemoError('MAYBE API_KEY or SECRET_KEY not correct:
access_token or scope not found in token response')


    """  TOKEN end """


if __name__ == '__main__':
    token = fetch_token()

    while True:
        record()
        speech_data = []
        with open(AUDIO_FILE, 'rb') as speech_file:
            speech_data = speech_file.read()

        length = len(speech_data)
        if length == 0:
            raise DemoError('file %s length read 0 bytes' % AUDIO_FILE)
        speech = base64.b64encode(speech_data)
        if (IS_PY3):
            speech = str(speech, 'utf-8')
        params = {'dev_pid': DEV_PID,
                  #"lm_id" : LM_ID,       #在测试自训练平台时开启此项
                  'format': FORMAT,
                  'rate': RATE,
```

```
                    'token': token,
                    'cuid': CUID,
                    'channel': 1,
                    'speech': speech,
                    'len': length
                    }
post_data = json.dumps(params, sort_keys=False)
# print post_data
req = Request(ASR_URL, post_data.encode('utf-8'))
req.add_header('Content-Type', 'application/json')
try:
        begin = timer()
        f = urlopen(req)
        result_str = f.read()
        print ("Request time cost %f" % (timer() - begin))
except URLError as err:
        print('asr http response http code : ' + str(err.code))
        result_str = err.read()

if (IS_PY3):
        result_str = str(result_str, 'utf-8')
result = eval(result_str)["result"][0]
if result != "":
        print(result)
```

使用百度的语音合成 API 将文字转换为语音，保存在本地，略微修改例
程，使用 playsound 库将保存的 mp3 文件播放出来，代码如下。

```
# coding=utf-8
import sys
import json
from playsound import playsound


IS_PY3 = sys.version_info.major == 3
```

```
if IS_PY3:
    from urllib.request import urlopen
    from urllib.request import Request
    from urllib.error import URLError
    from urllib.parse import urlencode
    from urllib.parse import quote_plus
else:
    import urllib2
    from urllib import quote_plus
    from urllib2 import urlopen
    from urllib2 import Request
    from urllib2 import URLError
    from urllib import urlencode


API_KEY = 'YOUR_API_KEY'
SECRET_KEY = 'YOUR_SECRET_KEY'

TEXT = "欢迎使用百度语音合成"。

#发音人选择, 基础音库: 0 为度小美, 1 为度小宇, 3 为度逍遥, 4 为度丫丫,
#精品音库: 5 为度小娇, 103 为度米朵, 106 为度博文, 110 为度小童, 111 为度小
萌, 默认为度小美
PER = 0
#语速, 取值为 0～15, 默认为 5, 即中语速
SPD = 5
#音调, 取值为 0～15, 默认为 5, 即中语调
PIT = 5
#音量, 取值为 0～9, 默认为 5, 即中音量
VOL = 5
#下载的文件格式, 3 为 mp3(default), 4 为 pcm-16k, 5 为 pcm-8k, 6 为 wav
AUE = 3
```

```python
FORMATS = {3: "mp3", 4: "pcm", 5: "pcm", 6: "wav"}
FORMAT = FORMATS[AUE]

CUID = "123456PYTHON"

TTS_URL = '请输入百度语音合成 API'


class DemoError(Exception):
    pass



""" TOKEN start """

TOKEN_URL = '请输入百度 OAuth2.0 授权服务 API'
SCOPE = 'audio_tts_post'  #如果有此 scope，表示有 tts 能力；如果没有，请在网页
中勾选


def fetch_token():
    #print("fetch token begin")
    params = {'grant_type': 'client_credentials',
              'client_id': API_KEY,
              'client_secret': SECRET_KEY}
    post_data = urlencode(params)
    if (IS_PY3):
        post_data = post_data.encode('utf-8')
    req = Request(TOKEN_URL, post_data)
    try:
        f = urlopen(req, timeout=5)
        result_str = f.read()
    except URLError as err:
        #print('token http response http code : ' + str(err.code))
```

```python
            result_str = err.read()
        if (IS_PY3):
            result_str = result_str.decode()

        #print(result_str)
        result = json.loads(result_str)
        #print(result)
        if ('access_token' in result.keys() and 'scope' in result.keys()):
            if not SCOPE in result['scope'].split(' '):
                raise DemoError('scope is not correct')
            #print('SUCCESS WITH TOKEN: %s ; EXPIRES IN SECONDS: %s' %
(result['access_token'], result['expires_in']))
            return result['access_token']
        else:
            raise DemoError('MAYBE API_KEY or SECRET_KEY not correct:
access_token or scope not found in token response')


    """  TOKEN end """


    if __name__ == '__main__':
        token = fetch_token()
        tex = quote_plus(TEXT)    #此处 TEXT 需要进行两次 urlencode
        #print(tex)
        params = {'tok': token, 'tex': tex, 'per': PER, 'spd': SPD, 'pit': PIT, 'vol': VOL, 'aue':
AUE, 'cuid': CUID, 'lan': 'zh', 'ctp': 1}

        data = urlencode(params)
        #print('test on Web Browser' + TTS_URL + '?' + data)

        req = Request(TTS_URL, data.encode('utf-8'))
        has_error = False
```

```
    try:
        f = urlopen(req)
        result_str = f.read()

        headers = dict((name.lower(), value) for name, value in f.headers.items())

        has_error = ('content-type' not in headers.keys() or headers['content-
type'].find('audio/') < 0)
    except    URLError as err:
        #print('asr http response http code : ' + str(err.code))
        result_str = err.read()
        has_error = True

    save_file = "error.txt" if has_error else 'result.' + FORMAT
    with open(save_file, 'wb') as of:
        of.write(result_str)

    if has_error:
        if (IS_PY3):
            result_str = str(result_str, 'utf-8')
        #print("tts api    error:" + result_str)

    #print("result saved as :" + save_file)
    playsound("result.mp3")
```

例程中会播放"欢迎使用百度语音合成",且这个程序是一次性的,后面将文字替换掉,将它加入循环可以持续运行。

5.3.2　与机器人进行语音互动

当前,语音与文字转换技术已经得到了广泛应用,尤其是在人机交互和智能家居领域。与机器人进行语音互动的技术也已经非常成熟,如通过使用ChatGPT API,用户可以获得自动生成的文章、电子邮件等自然语言文本,构建对话系统。开发者可以轻松地构建智能对话机器人，为用户提供更加便捷和高效的服务。

　　本节将前面的代码整合，用于实现"说话—语音识别—向 ChatGPT 提问—语音合成—播放"这一整套流程，完成和机器人的聊天交互，代码如下。

```python
# coding=utf-8
import speech_recognition as sr
import sys
import json
import base64
import io
import time
import os
from playsound import playsound
import openai

#设置 API Key
openai.api_key = 'YOUT_OPENAI_API_KEY'

#输入对话的起始语句
prompt = "The following is a conversation with an AI assistant. The assistant is helpful,
creative, clever, and very friendly.\n"

IS_PY3 = sys.version_info.major == 3

if IS_PY3:
    from urllib.request import urlopen
    from urllib.request import Request
    from urllib.error import URLError
    from urllib.parse import urlencode
    from urllib.parse import quote_plus
    timer = time.perf_counter
```

```
else:
    import urllib2
    from urllib import quote_plus
    from urllib2 import urlopen
    from urllib2 import Request
    from urllib2 import URLError
    from urllib import urlencode
    if sys.platform == "win32":
        timer = time.clock
    else:
        #On most other platforms the best timer is time.time()
        timer = time.time


API_KEY = 'YOUR_API_KEY'
SECRET_KEY = 'YOUR_SECRET_KEY'


#需要识别的文件
AUDIO_FILE = 'voice.wav'   #只支持 pcm/wav/amr 格式，极速版还支持 m4a 格式
#文件格式
FORMAT1 = AUDIO_FILE[-3:]   #文件扩展名只支持 pcm/wav/amr 格式，极速版
还支持 m4a 格式


CUID = '123456PYTHON'
#采样率
RATE = 16000    #固定值


#普通版
DEV_PID = 1537   #1537 表示识别普通话，使用输入法模型。根据文档填写 PID，
选择语言及识别模型
ASR_URL = '请输入百度语音识别 API'


#发音人选择，基础音库：0 为度小美，1 为度小宇，3 为度逍遥，4 为度丫丫，
```

127

```python
#精品音库：5 为度小娇，103 为度米朵，106 为度博文，110 为度小童，111 为度小
萌，默认为度小美
PER = 0
#语速，取值为 0~15，默认为 5，即中语速
SPD = 5
#音调，取值为 0~15，默认为 5，即中语调
PIT = 5
#音量，取值为 0~9，默认为 5，即中音量
VOL = 5
#下载的文件格式，3 为 mp3(default)，4 为 pcm-16k，5 为 pcm-8k，6 为 wav
AUE = 3

FORMATS = {3: "mp3", 4: "pcm", 5: "pcm", 6: "wav"}
FORMAT2 = FORMATS[AUE]

CUID = "123456PYTHON"

TTS_URL = '请输入百度语音合成 API'

class DemoError(Exception):
    pass

"""    TOKEN start """
TOKEN_URL = '输入百度 OAuth2.0 授权服务 API'
SCOPE1 = 'audio_voice_assistant_get'    #如果有此 scope，表示有 asr 能力；如果没有，
请在网页中勾选，一些非常旧的应用可能没有
SCOPE2 = 'audio_tts_post'    #如果有此 scope，表示有 tts 能力；如果没有，请在网页
中勾选

def record(rate=16000):
    r = sr.Recognizer()
```

```python
    with sr.Microphone(sample_rate=rate) as source:
        r.energy_threshold = 300
        r.dynamic_energy_threshold = True
        r.pause_threshold = 1
        print("开始录音")
        audio = r.listen(source)

    with open("voice.wav", "wb") as f:
        f.write(audio.get_wav_data())
    print("完成录音")


class DemoError(Exception):
    pass


def fetch_token(SCOPE):
    params = {'grant_type': 'client_credentials',
                'client_id': API_KEY,
                'client_secret': SECRET_KEY}
    post_data = urlencode(params)
    if (IS_PY3):
        post_data = post_data.encode('utf-8')
    req = Request(TOKEN_URL, post_data)
    try:
        f = urlopen(req)
        result_str = f.read()
    except URLError as err:
        #print('token http response http code : ' + str(err.code))
        result_str = err.read()
    if (IS_PY3):
        result_str = result_str.decode()
```

```
#print(result_str)
result = json.loads(result_str)
#print(result)
if ('access_token' in result.keys() and 'scope' in result.keys()):
    #print(SCOPE)
    # SCOPE = False  忽略检查
    if SCOPE and (not SCOPE in result['scope'].split(' ')):
        raise DemoError('scope is not correct')
    #print('SUCCESS WITH TOKEN: %s ; EXPIRES IN SECONDS: %s' %
(result['access_token'], result['expires_in']))
    return result['access_token']
else:
    raise DemoError('MAYBE API_KEY or SECRET_KEY not correct:
access_token or scope not found in token response')


""" TOKEN end """


if __name__ == '__main__':
    token1 = fetch_token(SCOPE1)
    token2 = fetch_token(SCOPE2)
    while True:
        try:
            os.remove('result.mp3')
            os.remove('voice.wav')
        except:
            pass
        record()
        speech_data = []
        with open(AUDIO_FILE, 'rb') as speech_file:
            speech_data = speech_file.read()
```

```python
length = len(speech_data)
if length == 0:
    raise DemoError('file %s length read 0 bytes' % AUDIO_FILE)
speech = base64.b64encode(speech_data)
if (IS_PY3):
    speech = str(speech, 'utf-8')
params = {'dev_pid': DEV_PID,
         #"lm_id" : LM_ID,          #在测试自训练平台时开启此项
          'format': FORMAT1,
          'rate': RATE,
          'token': token1,
          'cuid': CUID,
          'channel': 1,
          'speech': speech,
          'len': length
          }
post_data = json.dumps(params, sort_keys=False)
# print post_data
req = Request(ASR_URL, post_data.encode('utf-8'))
req.add_header('Content-Type', 'application/json')
try:
    begin = timer()
    f = urlopen(req)
    result_str = f.read()
    #print ("Request time cost %f" % (timer() - begin))
except URLError as err:
    #print('asr http response http code : ' + str(err.code))
    result_str = err.read()
if (IS_PY3):
    result_str = str(result_str, 'utf-8')
result = eval(result_str)["result"][0]
if result != "":
```

```
print(result)

user_input = result
#打印对话起始语句，并读入用户输入的信息
#user_input = input("You: ")

#如果用户输入 q，则退出程序
#if user_input.lower() == "q":
    #break

#拼接查询字符串
query = prompt + "You: " + user_input + "\nBot:"

#使用 OpenAI API 进行文本生成
response = openai.Completion.create(
    engine="text-davinci-003",
    prompt=query,
    temperature=0.9,
    max_tokens=150,
    top_p=0.5,
    stop=[" You:", " Bot:"]
)

#从 API 返回的结果中获取回答
answer = response.choices[0].text
#打印机器人的回答
print("Bot: " + answer.lstrip())

#更新下一个对话的起始语句
prompt = query + answer + "\nYou:"

token = fetch_token(SCOPE2)
```

```python
        tex = quote_plus(answer)    #对 answer 变量进行 URL 编码并将结果存
储在 tex 中
        #print(tex)
    params = {
            'tok': token,    #用户的令牌
            'tex': tex,      #待转换的文本
            'per': PER,      #语音发音人选择
            'spd': SPD,      #语速（0~9）
            'pit': PIT,      #音调（0~9）
            'vol': VOL,      #音量（0~9）
            'aue': AUE,      #音频编码格式
            'cuid': CUID,    #用户标识
            'lan': 'zh',     #语言选择（中文）
            'ctp': 1         #客户端类型设置
        }

        data = urlencode(params)
        #print('test on Web Browser' + TTS_URL + '?' + data)

        req = Request(TTS_URL, data.encode('utf-8'))
        has_error = False
        try:
            f = urlopen(req)
            result_str = f.read()

            headers = dict((name.lower(), value) for name, value in f.headers.items())

            has_error = ('content-type' not in headers.keys() or headers['content-
type'].find('audio/') < 0)
        except    URLError as err:
            #print('asr http response http code : ' + str(err.code))
            result_str = err.read()
```

```
        has_error = True

save_file = "error.txt" if has_error else 'result.' + FORMAT2
with open(save_file, 'wb') as of:
        of.write(result_str)

if has_error:
        if (IS_PY3):
                result_str = str(result_str, 'utf-8')
        #print("tts api    error:" + result_str)

#print("result saved as :" + save_file)
playsound("result.mp3")
```

至此实现了语音交互机器人。可以将机器人控制代码整合到语音控制中，其实现更为简单，使用语音识别即可完成，这里留给读者思考。

5.4 习题

1. 判断题

（1）树莓派的 GPIO 可用 RPi.GPIO 库控制。（　　）
（2）语音合成技术能够将语音转换为文本。（　　）

2. 填空题

（1）人脸识别技术常用的算法包括_____和_____。
（2）树莓派常用的操作系统包括 _____和_____。

3. 问答题

（1）树莓派和单片机有什么区别？它们各自适用于哪些场景？
（2）什么是人脸识别技术？它有哪些应用场景？

第 6 章

ChatGPT 图像应用开发

OpenAI 公司开发的 ChatGPT 模型主要以对话形式进行交互。截至目前，免费的部分不支持图像相关操作，可用 ChatGPT 指导图像应用的开发工作，它可以根据用户的要求生成相关代码。

完成图像生成任务，除了可以利用 ChatGPT，还可以直接调用 OpenAI 的图像生成接口，辅助应用的快速实现。

本章介绍如何利用 ChatGPT 和 OpenAI 提供的免费 API 进行图像应用开发；探讨深度学习技术在图像领域的研究方向和相关任务的实现思路；按照上述思路，介绍如何使用 ChatGPT 辅助实现图像分类、目标检测、图像分割和图像生成应用。

由于 OpenAI 仅提供图像生成的 API，图像分类、目标检测、图像分割应用的实现均采用 ChatGPT 问答的形式，由其辅助编写应用代码。图像生成应用的实现则直接调用 OpenAI 的 API。

通过学习本章，读者可以了解深度学习在图像处理中的经典任务，以及如何利用 ChatGPT 快速实现图像应用开发。

学习重点
◎ 了解深度学习技术在图像领域的主要研究方向。
◎ 了解 OpenAI 提供的可用于图像处理的 API。
◎ 了解如何利用 ChatGPT 快速实现图像应用开发。

6.1　深度学习图像处理概述

图像处理是人工智能的重要任务之一，旨在利用计算机技术对数字图像进行分析、处理和理解，以实现对目标的自动化处理。

传统的图像处理技术主要依赖由人设计的算法和参数，通常需要设计者提取图像特征，并使用各种技术进行图像处理，常用的技术有滤波、边缘检测、特征提取、分割和分类等。这需要专业领域的知识和经验，并需要完成大量的参数调整和优化工作。

深度学习图像处理技术利用深度神经网络自动对图像进行特征提取和学习，深度学习模型可以自动学习图像的特征，省略了设计者提取特征的过程。与传统的图像处理技术相比，深度学习技术能处理更多复杂的任务，且不依赖人工经验。在图像处理领域，深度学习技术已经获得了很好的效果，被广泛应用于完成各种图像处理任务。

6.1.1　深度学习在图像领域的研究方向

人工智能在图像领域有广泛应用，包括图像分类、目标检测、图像分割、图像生成等方面。这些都利用机器学习和深度学习技术实现对图像数据的自动化处理和分析，从而提高图像处理的效率和准确性。

图像分类模型功能如图 6-1 所示。图像分类指将一个图像划入某个已知的类别，是深度学习图像处理的一个基础任务。在医疗领域，可以使用图像分类技术对医疗影像进行分类，如 CT、MRI 等，以帮助医生快速识别疾病，提高医疗诊断效率。在自动驾驶领域，图像分类技术可以用于对车辆周围环境进行识别和分类，如识别道路、车辆、行人、信号灯等，可以帮助自动驾驶车辆安全行驶。在农业领域，该技术可以用于识别病虫害叶片。此外，城市停车场的车牌识别、火车站和机场的人脸识别等都使用了图像分类技术。

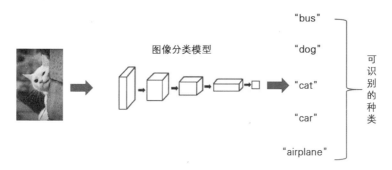

图 6-1　图像分类模型功能

目标检测模型功能如图 6-2 所示。目标检测指在图像中检测特定的物体或目标，并输出相应目标的坐标、类别及分类置信度。在自动驾驶、安防等领域，目标检测技术可以用于识别路标、信号灯、行人等，从而提高自动驾驶的安全性及保障安防系统的稳定性。

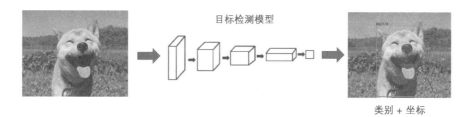

图 6-2　目标检测模型功能

图像分割模型功能如图 6-3 所示。图像分割指根据图像语义，对不同的物体进行区域分割，并输出图像中各像素的类别。在医学领域，图像分割技术可以用于对肿瘤等进行分割，从而帮助医生更准确地确定治疗方案。在自动驾驶领域，图像分割技术可以用于对场景进行精准识别。

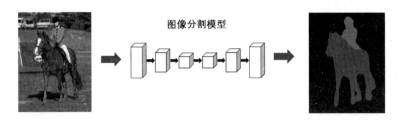

图 6-3　图像分割模型功能

图像生成模型功能如图 6-4 所示。图像生成指利用机器学习技术，根据已有的图像数据，生成新的图像数据。图像生成模型会学习两种图像之间的数据分布关系，由此实现两种图像风格的转换。在游戏、电影、艺术等领域，图像生成技术可以用于生成各种特效、场景、人物等，从而丰富视觉效果，增强观感。

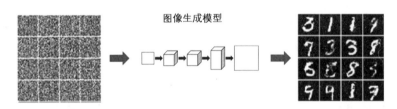

图 6-4　图像生成模型功能

此外，还有修复、去雨去雾、超分辨率重建、风格迁移、深度估计等图像处理任务。

综上所述，图像领域的多个研究方向都有大量的应用场景，这些研究方向的发展将进一步推动人工智能在图像领域的应用。

6.1.2　图像处理任务的实现方式

"训练"和"推理"是人工智能应用实现的两个重要环节。训练指使用大量的数据和算法来训练模型，使其能够完成特定任务。推理指使用训练好的模型来处理新的数据，从而得出正确的结果。图像处理任务的实现，既可以使用 API 或训练好的模型进行推理，又可以自行训练模型再进行推理，三者各有所长。

1．使用 API 进行推理

在很多场景中，可以使用已有的 API 进行图像处理推理。例如，百度提供了 PaddlePaddle 平台，可以使用其 API 实现图像分类、目标检测、人脸识别等功能。科大讯飞也提供了一系列人脸识别、图像分类、图像检索 API。使用 API 进行图像处理推理的好处是可以大幅降低开发成本和缩短开发时间，使用者只需要知道 API 的参数和使用方式，不需要掌握算法开发相关知识。此外，API 一般都被大量使用过，经过了充分的验证和优化，具有较高的可靠性和稳定性。

使用 API 进行推理也存在一些不足：API 的精度和效果受 API 提供者控制，即使 API 的效果很好，也不一定完全符合需求；一些 API 需要付费使用，会造成额外的成本负担。

2．使用训练好的模型进行推理

除了使用 API 进行图像处理推理，还可以使用训练好的模型进行推理。很多开源项目都提供了训练好的模型，如 TensorFlow Hub、PyTorch Hub 等。使用训练好的模型进行图像处理推理的好处在于，这些模型已经经过了大量的数据和计算资源的训练和优化，具有很好的性能。

3．自行训练模型，再进行推理

针对一些特殊的应用场景，如果已有的 API 或训练好的模型不能满足需求，也可以自行训练模型，这样的模型具有可复用性和可扩展性，可以在不同的场景中重复使用且不需要付费。

与"直接推理"相比，自行训练模型的门槛更高，它需要开发者有一定的机器学习知识和经验，能够自行编写训练模型的代码，并将其训练至收敛，这对于初学者而言可能会有一定的困难。此外，自行训练模型需要耗费较多的时间和硬件资源，越复杂的模型消耗的资源就越多，可能会带来租借硬件的额外成本。

本章优先使用 ChatGPT 或 OpenAI 提供的 API 进行图像处理推理，如果没有相关的 API，则使用 ChatGPT 指导自行训练模型。

6.1.3　开发环境选择

在正式开始开发前，需要先准备合适的开发环境。

需要先确定编程语言，本章选择在人工智能应用开发中广泛使用的 Python 语言。

如果使用 API 进行推理，则可以使用普通的 Python 开发环境；如果使用训练好的模型进行推理或自行训练模型，则需要确定所使用的深度学习框架，如 TensorFlow 框架和 PyTorch 框架等，本章主要使用 TensorFlow 框架。

Python 的开发工具可以选择 IDLE、PyCharm、Spider、Jupyter Lab（Notebook）等。本章多使用 Jupyter Lab 和 PyCharm。

在硬件设备方面，深度学习模型的训练涉及大量运算，使用 GPU 加速可以显著提高训练速度。如果有 GPU 设备，则优先使用 GPU 进行训练。如果使用 API 或训练好的模型进行推理，则使用 CPU 设备即可。

在本节的代码调试环境中，安装的部分软件版本如下。

tensorflow-gpu 2.6.0、matplotlib 3.5.3、jupyterlab 3.2.1、tensorflow-datasets 4.8.1、tensorflow-hub 0.12.0、tensorflow-estimator 2.6.0、opencv-python 4.7.0.72。

6.2　ChatGPT 图像分类应用

OpenAI 开放的 ChaGPT 模型接口主要通过文本对话实现应用，不支持读取图像。OpenAI 开放的与 DALL-E 模型相关的 API，可用于图像生成。对于本节涉及的图像分类应用模块，OpenAI 没有可直接调用的接口，可使用 ChatGPT 生成指导模型训练和推理的代码。

本节的图像分类应用是实现"农业领域的作物叶子病虫害分类"。

6.2.1　作物叶子病虫害分类模型训练

1. 数据集获取

在应用确定的情况下，可优先寻找可用的公用数据集，并从中筛选符合自己需求的数据集。如果公共数据集的类别与自己想要的分类类别有差异，也可以自己组织数据集。

这里使用 ChatGPT 了解可获得的数据集，并对其进行筛选。ChatGPT 的目标数据集咨询结果如图 6-5 所示。

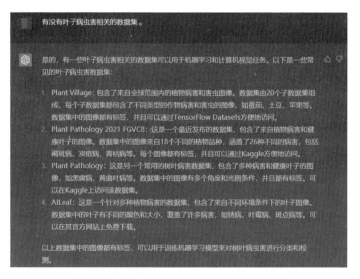

图 6-5　ChatGPT 的目标数据集咨询结果

ChatGPT 的数据集获取方式咨询结果如图 6-6 所示。

图 6-6　ChatGPT 的数据集获取方式咨询结果

最终选择使用 TensorFlow Datasets 直接获取 plant_village 叶子病虫害数据集。

2. 训练代码

指定模型训练使用的框架及版本、训练集名称和获取方式，在输出代码中搭建一个简单的卷积神经网络，具体如下。

```python
import tensorflow as tf
import tensorflow_datasets as tfds

#加载 plant_village 叶子病虫害数据集
dataset, info = tfds.load('plant_village', split='train', as_supervised=True, with_info=True)

#获取数据集的类别数
num_classes = info.features['label'].num_classes

#将数据集分为训练集和验证集
train_dataset = dataset.take(20000)
val_dataset = dataset.skip(20000)
#对数据集进行预处理
IMG_SIZE = 224
BATCH_SIZE = 32

def preprocess_image(image, label):
    image = tf.image.resize(image, (IMG_SIZE, IMG_SIZE))
    image = tf.cast(image, tf.float32)
    image = image / 255.0
    return image, label

train_dataset = train_dataset.map(preprocess_image).batch(BATCH_SIZE).prefetch(tf.data.AUTOTUNE)
val_dataset = val_dataset.map(preprocess_image).batch(BATCH_SIZE).prefetch(tf.data.AUTOTUNE)
```

```
#定义模型
model = tf.keras.Sequential([
    tf.keras.layers.Conv2D(32, (3, 3), activation='relu', input_shape=(IMG_SIZE,
IMG_SIZE, 3)),
    tf.keras.layers.MaxPooling2D((2, 2)),
    tf.keras.layers.Conv2D(64, (3, 3), activation='relu'),
    tf.keras.layers.MaxPooling2D((2, 2)),
    tf.keras.layers.Conv2D(128, (3, 3), activation='relu'),
    tf.keras.layers.MaxPooling2D((2, 2)),
    tf.keras.layers.Flatten(),
    tf.keras.layers.Dense(128, activation='relu'),
    tf.keras.layers.Dense(num_classes, activation='softmax')
])

#编译模型
model.compile(optimizer='adam',
              loss='sparse_categorical_crossentropy',
              metrics=['accuracy'])

#训练模型
history = model.fit(train_dataset,
                    epochs=10,
                    validation_data=val_dataset)
```

注意：小规模的分类任务较为简单，使用一般的卷积神经网络就可以获得较好的效果。因此，这里可以不指定具体的分类模型，在一定程度上可以避免过拟合问题。

在 TensorFlow 环境中进行测试，代码正常运行，会自动下载数据集，过程较慢。数据集下载在 "/root/tensorflow_datasets" 路径下，其中 "/root/tensorflow_datasets/downloads/extracted/ZIP.data.mend.com_publ-file_data_tywb_file_d565-c1rDQyRTmE0CqGGXmH53WlQp0NWefMfDW89aj_1A0m5D_A/Plant_leave_ diseases_dataset_without_augmentation ”路径为图片格式的数据集，plant_village 叶子病虫害数据集图片按照类别存放在对应的文件夹中。plant_village 叶子病虫害数据集如图 6-7 所示。

```
Apple___Apple_scab
Apple___Black_rot
Apple___Cedar_apple_rust
Apple___healthy
Background_without_leaves
Blueberry___healthy
Cherry___Powdery_mildew
Cherry___healthy
'Corn___Cercospora_leaf_spot Gray_leaf_spot'
Corn___Common_rust
Corn___Northern_Leaf_Blight
Corn___healthy
Grape___Black_rot
'Grape___Esca_(Black_Measles)'
'Grape___Leaf_blight_(Isariopsis_Leaf_Spot)'
Grape___healthy
'Orange___Haunglongbing_(Citrus_greening)'
Peach___Bacterial_spot
Peach___healthy
Pepper,_bell___Bacterial_spot
Pepper,_bell___healthy
Potato___Early_blight
Potato___Late_blight
Potato___healthy
Raspberry___healthy
Soybean___healthy
Squash___Powdery_mildew
Strawberry___Leaf_scorch
Strawberry___healthy
Tomato___Bacterial_spot
Tomato___Early_blight
Tomato___Late_blight
Tomato___Leaf_Mold
Tomato___Septoria_leaf_spot
'Tomato___Spider_mites Two-spotted_spider_mite'
Tomato___Target_Spot
Tomato___Tomato_Yellow_Leaf_Curl_Virus
Tomato___Tomato_mosaic_virus
Tomato___healthy
```

图 6-7　plant_village 叶子病虫害数据集

在代码正常运行后，开始输出日志，模型训练日志如图 6-8 所示。

```
625/625 [==============================] - 173s 268ms/step - loss: 1.6427 - accuracy: 0.5545 - val_lo
ss: 0.8942 - val_accuracy: 0.7357
Epoch 2/10
625/625 [==============================] - 163s 260ms/step - loss: 0.6392 - accuracy: 0.8044 - val_lo
ss: 0.6440 - val_accuracy: 0.8058
Epoch 3/10
625/625 [==============================] - 163s 261ms/step - loss: 0.3705 - accuracy: 0.8845 - val_lo
ss: 0.6420 - val_accuracy: 0.8160
Epoch 4/10
625/625 [==============================] - 166s 265ms/step - loss: 0.2304 - accuracy: 0.9260 - val_lo
ss: 0.6250 - val_accuracy: 0.8392
Epoch 5/10
625/625 [==============================] - 163s 261ms/step - loss: 0.1602 - accuracy: 0.9474 - val_lo
ss: 0.7161 - val_accuracy: 0.8308
Epoch 6/10
625/625 [==============================] - 162s 259ms/step - loss: 0.1180 - accuracy: 0.9623 - val_lo
ss: 0.8258 - val_accuracy: 0.8124
Epoch 7/10
625/625 [==============================] - 163s 261ms/step - loss: 0.1049 - accuracy: 0.9671 - val_lo
ss: 0.9077 - val_accuracy: 0.8049
Epoch 8/10
625/625 [==============================] - 166s 265ms/step - loss: 0.0767 - accuracy: 0.9752 - val_lo
ss: 0.9490 - val_accuracy: 0.8242
Epoch 9/10
625/625 [==============================] - 165s 264ms/step - loss: 0.0782 - accuracy: 0.9736 - val_lo
ss: 0.9195 - val_accuracy: 0.8249
Epoch 10/10
625/625 [==============================] - 165s 263ms/step - loss: 0.0654 - accuracy: 0.9789 - val_lo
ss: 0.8112 - val_accuracy: 0.8423
```

图 6-8　模型训练日志

至此获得了可成功运行的代码。该代码只能实现基础功能，可以添加以下功能。

（1）数据集展示功能，展示所有的类别。

（2）在训练后测试效果，以保证模型拟合。

（3）保存代码，用于后续推理。

3．训练代码优化 1：增加可视化和模型测试功能

利用 ChatGPT 增加可视化和模型测试功能，ChatGPT 生成的代码可以直接运行，但在代码显示部分略有瑕疵，对其进行调整后得到的整体效果如下。

1）数据集获取、切分与展示

使用 TensorFlow Datasets 获取数据集，将其划分为训练集、验证集和测试集，并从每个类别中随机抽取一张图片，显示图片和类别名称，代码如下。

```python
import tensorflow as tf
import tensorflow_datasets as tfds
import matplotlib.pyplot as plt
import numpy as np
import os

#下载并加载 plant_village 叶子病虫害数据集
(ds_train, ds_validation, ds_test), ds_info = tfds.load(
    'plant_village',
    split=['train[:70%]', 'train[70%:85%]', 'train[85%:]'],
    as_supervised=True,
    with_info=True
)

#可用的标签列表
labels = ds_info.features['label'].names
# print("Available labels: ", labels)

#从每个类别中随机抽取一张图片
```

```
num_classes = ds_info.features['label'].num_classes
sample_images = []
sample_labels = []
for i in range(num_classes):
    samples = ds_train.filter(lambda image, label: label == i).take(1)
    for image, label in samples:
        sample_images.append(image)
        sample_labels.append(labels[i])


#显示图片和类别名称
plt.figure(figsize=(20, 20))
for i in range(num_classes):
    plt.subplot(7,6, i+1)
    plt.xticks([])
    plt.yticks([])
    plt.grid(False)
    plt.title(sample_labels[i], fontsize=10)
    plt.imshow(sample_images[i])
plt.show()
```

在 Jupyter cell 中运行上述代码，显示随机抽取的图片，如图 6-9 所示。

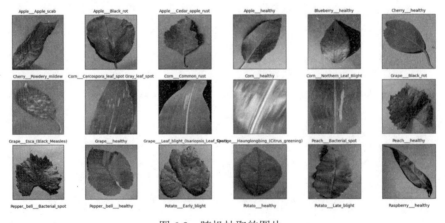

图 6-9　随机抽取的图片

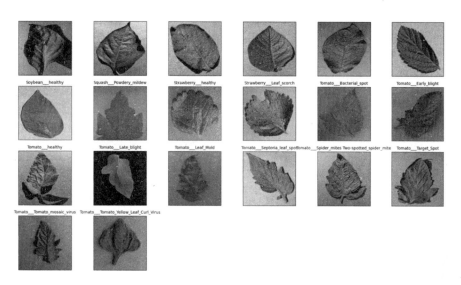

图 6-9　随机抽取的图片（续）

2）数据预处理

对数据进行预处理，统一图片大小，对像素值进行缩放，并处理为一个个批次，代码如下。

```
#对数据进行预处理
batch_size = 32
image_size = 224
ds_train = ds_train.map(lambda image, label: (tf.image.resize(image, (image_size, image_size)), label)).batch(batch_size).prefetch(1)
ds_validation = ds_validation.map(lambda image, label: (tf.image.resize(image, (image_size, image_size)), label)).batch(batch_size).prefetch(1)
#ds_test = tf.data.Dataset.list_files(os.path.join("test", "*.JPG")).map(lambda file_path: tf.io.read_file(file_path)).map(lambda image: tf.image.decode_jpeg(image, channels=3)).map(lambda image: (tf.image.resize(image, (image_size, image_size)), tf.constant(-1))).batch(batch_size)
```

3）模型的定义和训练

模型的定义和训练代码如下。

```
#定义模型
model = tf.keras.applications.MobileNetV2(
    input_shape=(image_size, image_size, 3),
    include_top=True,
    weights=None,
    classes=num_classes
)
model.compile(
    optimizer=tf.keras.optimizers.Adam(learning_rate=0.001),
    loss=tf.keras.losses.SparseCategoricalCrossentropy(from_logits=True),
    metrics=[tf.keras.metrics.SparseCategoricalAccuracy()]
)


#训练模型
checkpoint_path = "model/cp.ckpt"
checkpoint_callback = tf.keras.callbacks.ModelCheckpoint(
    filepath=checkpoint_path,
    save_weights_only=True,
    save_best_only=True
)
history = model.fit(
    ds_train,
    epochs=10,
    validation_data=ds_validation,
    callbacks=[checkpoint_callback]
)
```

运行上述代码，输出模型训练日志，如图 6-10 所示。

```
Epoch 1/10
/usr/local/lib/python3.7/dist-packages/keras/backend.py:4907: UserWarning: "`sparse_categorical_crossentropy`
received `from_logits=True`, but the `output` argument was produced by a sigmoid or softmax activation and th
us does not represent logits. Was this intended?"
'""sparse_categorical_crossentropy` received `from_logits=True`, but '
2023-04-03 13:41:29.711068: I tensorflow/stream_executor/cuda/cuda_dnn.cc:369] Loaded cuDNN version 8500
2023-04-03 13:41:30.322423: I tensorflow/core/platform/default/subprocess.cc:304] Start cannot spawn child pr
ocess: No such file or directory
2023-04-03 13:41:30.881553: I tensorflow/stream_executor/cuda/cuda_blas.cc:1760] TensorFloat-32 will be used
for the matrix multiplication. This will only be logged once.
1188/1188 [==============================] - 436s 361ms/step - loss: 1.1218 - sparse_categorical_accuracy: 0.
6673 - val_loss: 6.6731 - val_sparse_categorical_accuracy: 0.0424
Epoch 2/10
1188/1188 [==============================] - 437s 368ms/step - loss: 0.4279 - sparse_categorical_accuracy: 0.
8608 - val_loss: 10.2991 - val_sparse_categorical_accuracy: 0.0424
Epoch 3/10
1188/1188 [==============================] - 442s 372ms/step - loss: 0.2837 - sparse_categorical_accuracy: 0.
9050 - val_loss: 12.0058 - val_sparse_categorical_accuracy: 0.0214
Epoch 4/10
1188/1188 [==============================] - 431s 362ms/step - loss: 0.2143 - sparse_categorical_accuracy: 0.
9279 - val_loss: 2.1164 - val_sparse_categorical_accuracy: 0.5637
Epoch 5/10
1188/1188 [==============================] - 435s 366ms/step - loss: 0.1700 - sparse_categorical_accuracy: 0.
9425 - val_loss: 24.9007 - val_sparse_categorical_accuracy: 0.0945
Epoch 6/10
1188/1188 [==============================] - 438s 368ms/step - loss: 0.1313 - sparse_categorical_accuracy: 0.
9551 - val_loss: 41.3508 - val_sparse_categorical_accuracy: 0.0382
Epoch 7/10
1188/1188 [==============================] - 440s 370ms/step - loss: 0.1195 - sparse_categorical_accuracy: 0.
9591 - val_loss: 36.4526 - val_sparse_categorical_accuracy: 0.0356
Epoch 8/10
1188/1188 [==============================] - 441s 371ms/step - loss: 0.1046 - sparse_categorical_accuracy: 0.
9635 - val_loss: 55.6969 - val_sparse_categorical_accuracy: 0.0273
Epoch 9/10
1188/1188 [==============================] - 442s 372ms/step - loss: 0.0855 - sparse_categorical_accuracy: 0.
9706 - val_loss: 30.1478 - val_sparse_categorical_accuracy: 0.0562
Epoch 10/10
1188/1188 [==============================] - 431s 362ms/step - loss: 0.0798 - sparse_categorical_accuracy: 0.
9719 - val_loss: 24.7910 - val_sparse_categorical_accuracy: 0.0805
```

图 6-10　模型训练日志

运行以下代码，保存模型，输出模型保存日志，如图 6-11 所示。

```
model.save('plant_village_model')
```

```
INFO:tensorflow:Assets written to: plant_village_model/assets
```

图 6-11　模型保存日志

4）模型批量测试

模型批量测试代码如下。

```
#测试准确率
ds_test = ds_test.map(lambda image, label: (tf.image.resize(image, (image_size,
image_size)), label)).batch(batch_size).prefetch(1)
test_loss, test_acc = model.evaluate(ds_test, verbose=2)
```

运行上述代码，输出测试准确率，如图 6-12 所示。

```
Test accuracy: 0.080662980675669733
```
图 6-12　测试准确率

观察结果，可以发现模型在测试集上的准确率较低，进一步观察模型训练输出日志，可知模型大概在迭代到第 4 次时，出现了过拟合问题。可调整迭代次数，并重新运行。

4．训练代码优化 2：解决过拟合问题

将迭代次数调整为 4 次，并重新训练，代码如下。

```
history = model.fit(
    ds_train,
    epochs=4,    #迭代 4 次
    validation_data=ds_validation,
    callbacks=[checkpoint_callback]
)
```

运行上述代码，输出模型训练日志，如图 6-13 所示。

```
1188/1188 [==============================] - 446s 369ms/step - loss: 1.1410 - sparse_categorical_accuracy: 0.6613 - val_l
oss: 9.1305 - val_sparse_categorical_accuracy: 0.0185
Epoch 2/4
1188/1188 [==============================] - 451s 379ms/step - loss: 0.4266 - sparse_categorical_accuracy: 0.8600 - val_l
oss: 11.1641 - val_sparse_categorical_accuracy: 0.0185
Epoch 3/4
1188/1188 [==============================] - 460s 387ms/step - loss: 0.2942 - sparse_categorical_accuracy: 0.9032 - val_l
oss: 12.2178 - val_sparse_categorical_accuracy: 0.0200
Epoch 4/4
1188/1188 [==============================] - ETA: 0s - loss: 0.2195 - sparse_categorical_accuracy: 0.9258
```
图 6-13　模型训练日志

借助 ChatGPT，可以绘制训练集和验证集的损失值变化曲线和准确率变化曲线，以便直观地判断模型是否存在过拟合问题，代码如下。

```
import matplotlib.pyplot as plt

#获取历史训练数据
train_loss = history.history['loss']
val_loss = history.history['val_loss']
train_acc = history.history['sparse_categorical_accuracy']
val_acc = history.history['val_sparse_categorical_accuracy']
```

```
#绘制训练集和验证集的损失值变化曲线
plt.figure(figsize=(10, 5))
plt.plot(train_loss, label='train_loss')
plt.plot(val_loss, label='val_loss')
plt.title('Loss during training')
plt.xlabel('Epoch')
plt.ylabel('Loss')
plt.legend()

#绘制训练集和验证集的准确率变化曲线
plt.figure(figsize=(10, 5))
plt.plot(train_acc, label='train_acc')
plt.plot(val_acc, label='val_acc')
plt.title('Accuracy during training')
plt.xlabel('Epoch')
plt.ylabel('Accuracy')
plt.legend()
plt.show()
```

运行上述代码,得到训练期间的损失值变化曲线和准确率变化曲线,分别如图 6-14 和图 6-15 所示。

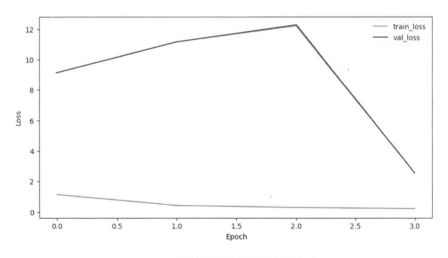

图 6-14　训练期间的损失值变化曲线

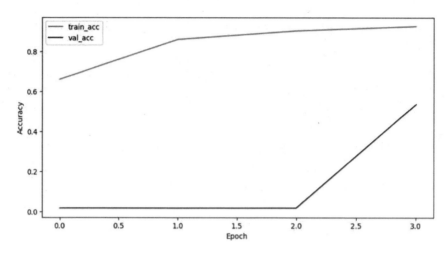

图 6-15　训练期间的准确率变化曲线

6.2.2　作物叶子病虫害分类模型推理

在训练完成后，得到模型 saved_model.pb，接着可以使用代码调用模型，对 38 个图片进行识别。

1. 推理代码

借助 ChatGPT 构建推理代码：调用训练阶段保存的模型 saved_model.pb，从 images 中读取测试图片，进行识别并显示图片、图片名称及识别结果。

代码中的 class_names 数量明显少于 38 个，可从训练代码中获取正确的 class_names，代码如下。

```
ds_info.features['label'].names
```

复制 ChatGPT 输出的代码，修改 class_names 和代码中涉及的图片名称，最终代码成功运行，具体如下。

```
import tensorflow as tf
import numpy as np
import os
import matplotlib.pyplot as plt
```

```
#定义类别标签
class_names = ['Apple___Apple_scab',
 'Apple___Black_rot',
 'Apple___Cedar_apple_rust',
 'Apple___healthy',
 'Blueberry___healthy',
 'Cherry___healthy',
 'Cherry___Powdery_mildew',
 'Corn___Cercospora_leaf_spot Gray_leaf_spot',
 'Corn___Common_rust',
 'Corn___healthy',
 'Corn___Northern_Leaf_Blight',
 'Grape___Black_rot',
 'Grape___Esca_(Black_Measles)',
 'Grape___healthy',
 'Grape___Leaf_blight_(Isariopsis_Leaf_Spot)',
 'Orange___Haunglongbing_(Citrus_greening)',
 'Peach___Bacterial_spot',
 'Peach___healthy',
 'Pepper,_bell___Bacterial_spot',
 'Pepper,_bell___healthy',
 'Potato___Early_blight',
 'Potato___healthy',
 'Potato___Late_blight',
 'Raspberry___healthy',
 'Soybean___healthy',
 'Squash___Powdery_mildew',
 'Strawberry___healthy',
 'Strawberry___Leaf_scorch',
 'Tomato___Bacterial_spot',
 'Tomato___Early_blight',
```

```
'Tomato___healthy',
'Tomato___Late_blight',
'Tomato___Leaf_Mold',
'Tomato___Septoria_leaf_spot',
'Tomato___Spider_mites Two-spotted_spider_mite',
'Tomato___Target_Spot',
'Tomato___Tomato_mosaic_virus',
'Tomato___Tomato_Yellow_Leaf_Curl_Virus']


#加载模型
model = tf.keras.models.load_model('./plant_village_model/')

#读取测试图片并进行分类
image_folder = 'images'
for filename in os.listdir(image_folder):
    if filename.endswith('.jpg') or filename.endswith('.JPG') or filename.endswith('.jpeg')
or filename.endswith('.JPEG') or filename.endswith('.png') or filename.endswith('.PNG'):
        image_path = os.path.join(image_folder, filename)
        img = tf.keras.preprocessing.image.load_img(image_path, target_size=(224, 224))
        img_array = tf.keras.preprocessing.image.img_to_array(img)
        img_array = np.expand_dims(img_array, 0)
        img_array = tf.keras.applications.mobilenet_v2.preprocess_input(img_array)
        predictions = model.predict(img_array)
        score = tf.nn.softmax(predictions[0])
        predicted_label = class_names[np.argmax(score)]
        confidence = 100 * np.max(score)
        #打印测试图片名称、预测标签和置信度
        print('Image: {}, Predicted Label: {}, Confidence: {:.2f}%'.format(filename,
predicted_label, confidence))
        #用 matplotlib 显示图片和分类结果
        plt.imshow(img)
        plt.axis('off')
```

```
                     plt.title('Predicted    Label:    {}\nConfidence:    {:.2f}%'.format(predicted_label,
confidence))

                     plt.show()
```

本轮测试了 8 个图片，部分测试结果如图 6-16 所示。

Image: Background_without_leaves_image (413).jpg, Pre
Predicted Label: Corn___Common_rust
Confidence: 6.84%

Image: Corn___Cercospora_leaf_spot Gray_leaf_spot_ima
Predicted Label: Corn___Common_rust
Confidence: 6.84%

Image: Corn___Northern_Leaf_Blight_image (799).jpg, Pi
Predicted Label: Tomato___Late_blight
Confidence: 6.84%

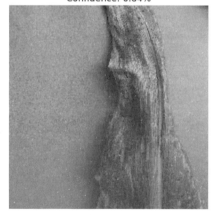

Image: Pepper,_bell___healthy_image (728).jpg, Predict
Predicted Label: Corn___Common_rust
Confidence: 6.84%

图 6-16　部分测试结果

测试的 8 个图片全部错误，与测试集结果不符，因此，测试代码有问题。

2. 推理代码排错

排错过程依然可以借助 ChatGPT，ChatGPT 对于模型推理效果差的回复如图 6-17 所示。

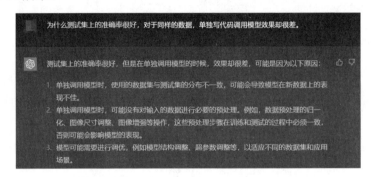

图 6-17 ChatGPT 对于模型推理效果差的回复

根据提示，通过对比代码得出，推理效果差的原因是推理代码的预处理方法与训练代码不同，调整测试部分的代码，具体如下。

```
#读取测试图片并进行分类
image_folder = './images2'


for filename in os.listdir(image_folder):
    if filename.endswith('.jpg') or filename.endswith('.JPG') or filename.endswith('.jpeg')
or filename.endswith('.JPEG') or filename.endswith('.png') or filename.endswith('.PNG'):
        image_path = os.path.join(image_folder, filename)
        img = tf.keras.preprocessing.image.load_img(image_path, target_size=(224, 224))
        img_array = tf.keras.preprocessing.image.img_to_array(img)
        img_array = np.expand_dims(img_array, 0)
        # img_array = tf.keras.applications.mobilenet_v2.preprocess_input(img_array)
        predictions = model.predict(img_array)
        score = tf.nn.softmax(predictions[0])
        predicted_label = class_names[np.argmax(score)]
        confidence = 100 * np.max(score)
        #打印测试图片名称、预测标签和置信度
```

```
print('Image: {}, Predicted Label: {}, Confidence: {:.2f}%'.format(filename,
predicted_label, confidence))
```

本轮测试了 8 个图像，调整代码后的测试结果如图 6-18 所示，除了背景图片预测错误，其他 7 个图片均预测正确，与训练过程中 92%的准确率基本匹配。

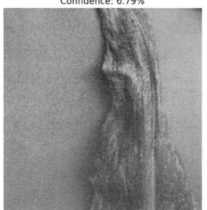

图 6-18　调整代码后的测试结果

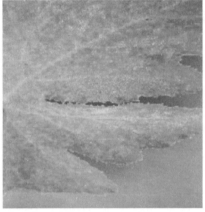

Image: Squash___Powdery_mildew_image (603).jpg, Predi
Predicted Label: Squash__Powdery_mildew
Confidence: 6.84%

Image: Strawberry___Leaf_scorch_image (936).jpg, Pred
Predicted Label: Strawberry__Leaf_scorch
Confidence: 6.78%

Image: Tomato___Late_blight_image (662).jpg, Predicte
Predicted Label: Tomato__Late_blight
Confidence: 6.84%

Image: Tomato___healthy_image (332).jpg, Predicted La
Predicted Label: Tomato__healthy
Confidence: 6.84%

图 6-18　调整代码后的测试结果（续）

6.3　ChatGPT 人脸检测应用

目标检测指在图像或视频中自动识别和定位特定目标，一般针对多种目标。人脸检测是目标检测中的一个细分任务，它根据有无人脸存在进行分类。

实现人脸检测任务的方法有很多种，既可使用传统的机器学习方法，也可使用目前较为流行的深度学习方法。传统的机器学习方法可以通过提取人脸的 Haar、LBP、HOG 等特征来进行人脸检测，代码简单，对硬件资源的要求不高。深度学习方法采用复杂的深层人工神经网络，实现端到端的人脸检测，模型稳健性强、性能优越，但复杂的结构通常需要更多计算资源。本节分别使用传统的机器学习方法和深度学习方法实现人脸检测应用。

6.3.1　基于特征提取的人脸检测

基于传统的机器学习方法的人脸检测应用可用 Python 的机器学习库 dlib 快速实现。dlib 是一个机器学习的开源库，包含许多机器学习算法，常被用于实现人脸检测和识别相关应用。

人脸检测代码可由 ChatGPT 生成，具体如下。dlib 人脸检测效果如图 6-19 所示。

```python
import dlib
import matplotlib.pyplot as plt
import matplotlib.patches as patches
import numpy as np
from PIL import Image

#创建人脸检测器
detector = dlib.get_frontal_face_detector()

#加载图像
img = np.array(Image.open('test.jpg'))

#在图像上运行人脸检测器
detections = detector(img, 1)

#绘制人脸检测结果
```

```
fig, ax = plt.subplots(1)
ax.imshow(img)

for det in detections:
    #获取人脸边界框的位置
    left = det.left()
    top = det.top()
    right = det.right()
    bottom = det.bottom()
    width = right - left
    height = bottom - top

    #绘制人脸边界框
    rect = patches.Rectangle((left, top), width, height, linewidth=1, edgecolor='r',
facecolor='none')
    ax.add_patch(rect)

plt.show()
```

图 6-19   dlib 人脸检测效果

6.3.2　基于 MTCNN 模型的人脸检测

基于深度学习方法的人脸检测应用，既可以使用通用的检测算法实现，也可以使用专门的人脸检测模型实现。

通用的检测算法有很多，如经典的 R-CNN 系列（R-CNN、Fast R-CNN、Faster R-CNN）、YOLO 系列（YOLO、YOLOv2、YOLOv3、YOLOv4）、SSD 系列（SSD、SSD-MobileNet）、R-FCN、RetinaNet 等，它们通常会使用大规模、多类别的数据集（如 COCO、ImageNet 等）进行训练。这些数据集大多提供的是通用、常见的物体，如人、自行车、鸟、钱包、大象、停车场等，这些物体特点多、场景复杂多变，目标尺寸比例等与人脸相差较大。通用模型会充分考虑到目标物体的尺度差异，有针对性地设计一些结构，以便准确获得目标所在的候选区域，但这些设计不一定适合人脸检测，使用通用模型检测人脸不是最佳选择。因此，出现了专门的人脸检测模型，针对人脸进行训练和优化，如 MTCNN、FaceBoxes、RetinaFace 等。

OpenAI 不提供目标检测相关的 API，因此可以考虑利用 ChatGPT 查找是否有可以直接推理的预训练模型，如果没有，再考虑自行构建并训练模型。

本节使用 MTCNN 模型实现基于深度学习方法的人脸检测应用。MTCNN 模型由香港中文大学的学者提出，包含 3 个级联的 CNN 模块，分别是用于生成目标候选框的 P-Net、用于候选框筛选的 R-Net 和用于精确定位的 O-Net。可以同时进行人脸检测、关键点定位和人脸姿态估计等多项任务，是当前应用较广的人脸检测模型之一。

Python 提供了现成的 mtcnn 库，用于实现 MTCNN 模型。与 dlib 类似，该库不需要自行训练模型，可调用现成内容实现人脸检测和关键点定位等。使用 ChatGPT 生成相关代码，并微调路径和结果显示的相关参数，具体如下。

```
import cv2
import numpy as np
from mtcnn import MTCNN
import matplotlib.pyplot as plt
```

```python
#加载 MTCNN 模型
detector = MTCNN()

#读取图像
img = cv2.imread('test.jpg')
#图像预处理
img = cv2.cvtColor(img, cv2.COLOR_BGR2RGB)

#进行人脸检测
result = detector.detect_faces(img)

#解析检测结果
for face in result:
    x, y, w, h = face['box']
    keypoints = face['keypoints']
    cv2.rectangle(img, (x, y), (x+w, y+h), (0, 255, 0), 2)
    cv2.circle(img, (keypoints['left_eye']), 2, (0, 0, 255), 2)
    cv2.circle(img, (keypoints['right_eye']), 2, (0, 0, 255), 2)
    cv2.circle(img, (keypoints['nose']), 2, (0, 0, 255), 2)
    cv2.circle(img, (keypoints['mouth_left']), 2, (0, 0, 255), 2)
    cv2.circle(img, (keypoints['mouth_right']), 2, (0, 0, 255), 2)

#显示结果
# cv2.imshow('image', cv2.cvtColor(img, cv2.COLOR_RGB2BGR))
# cv2.waitKey(0)
# cv2.destroyAllWindows()

#使用 plt.imshow()函数显示图像，并将图像的颜色通道顺序由 RGB 转换为 BGR
plt.figure(figsize=(20,20))
plt.axis('off')
plt.imshow(img)
plt.show()
```

MTCNN 单人人脸检测效果如图 6-20 所示。可以看到目标的人脸位置及"眼""鼻""口"关键点的检测结果。

图 6-20　MTCNN 单人人脸检测效果

6.4　ChatGPT 场景分割应用

OpenAI 不提供图像分割相关的 API，本节图像分割应用的实现依然使用 ChatGPT。

分割数据集有很多，如大规模的对象检测、分割、关键点检测和字幕数据集 COCO，包含 20 类常见物体的检测分割数据集 PASCAL VOC，包含 30 种城市场景的分割数据集 Cityscapes，包含 20 种室内场景的分割数据集 ADE20K，包含 20 种城市场景的分割数据集 CamVid。

本节选择分割数据集 CamVid 训练一个分割模型，以实现街景分割任务。

6.4.1　街景分割模型训练

使用 ChatGPT 实现基于分割数据集 CamVid 的图像分割训练，分段输出代码，其中分割数据集 CamVid 获取代码可正常运行，具体如下。

```
#请使用 wget 命令下载 SegNet-Tutorial 数据
!unzip master.zip
```

```
!mv SegNet-Tutorial-master/CamVid .
```

完整代码如下。

```
import os
import numpy as np
import matplotlib.pyplot as plt
import tensorflow as tf
from tensorflow import keras
from tensorflow.keras import layers
from tensorflow.keras.preprocessing.image import load_img, img_to_array
from sklearn.model_selection import train_test_split

#定义常量
IMAGE_SIZE = (360, 480)
BATCH_SIZE = 16
NUM_CLASSES = 32

#加载图像和标签
def load_data(image_dir, label_dir):
    #加载图像
    image_paths = sorted(os.listdir(image_dir))
    images = []
    for image_path in image_paths:
        image = load_img(os.path.join(image_dir, image_path), target_size=IMAGE_SIZE)
        image = img_to_array(image) / 255.0
        images.append(image)
    images = np.array(images)

    #加载标签
    label_paths = sorted(os.listdir(label_dir))
    labels = []
    for label_path in label_paths:
        label = load_img(os.path.join(label_dir, label_path), target_size=IMAGE_SIZE,
```

```
color_mode="grayscale")
                label = img_to_array(label).astype(np.int32)
                labels.append(label)
            labels = np.array(labels)


        return images, labels


    #加载数据集
    train_images, train_labels = load_data("CamVid/train", "CamVid/trainannot")
    test_images, test_labels = load_data("CamVid/test", "CamVid/testannot")


    #打印数据集信息
    print("Train images shape:", train_images.shape)
    print("Train labels shape:", train_labels.shape)
    print("Test images shape:", test_images.shape)
    print("Test labels shape:", test_labels.shape)


    #划分验证集
    train_images, val_images, train_labels, val_labels = train_test_split(train_images,
train_labels, test_size=0.1)
    #定义 UNet 模型
    def unet_model(input_shape):
        inputs = keras.Input(shape=input_shape)


        #编码器
        x = layers.Conv2D(64, 3, padding="same", activation="relu")(inputs)
        skip1 = x


        x = layers.MaxPooling2D()(x)
        x = layers.Conv2D(128, 3, padding="same", activation="relu")(x)
        skip2 = x
```

```
x = layers.MaxPooling2D()(x)
x = layers.Conv2D(256, 3, padding="same", activation="relu")(x)
skip3 = x

x = layers.MaxPooling2D()(x)
x = layers.Conv2D(512, 3, padding="same", activation="relu")(x)
x = layers.Dropout(0.5)(x)

#解码器
x = layers.Conv2DTranspose(512, 3, strides=2, padding="same", activation="relu")(x)
x = layers.Concatenate()([x, skip3])
x = layers.Conv2D(256, 3, padding="same", activation="relu")(x)
x = layers.Conv2D(256, 3, padding="same", activation="relu")(x)

x = layers.Conv2DTranspose(128, 3, strides=2, padding="same", activation="relu")(x)
x = layers.Concatenate()([x, skip2])

x = layers.Conv2D(128, 3, padding="same", activation="relu")(x)
x = layers.Conv2D(128, 3, padding="same", activation="relu")(x)
x = layers.Conv2DTranspose(64, 3, strides=2, padding="same", activation="relu")(x)
x = layers.Concatenate()([x, skip1])

x = layers.Conv2D(64, 3, padding="same", activation="relu")(x)
x = layers.Conv2D(64, 3, padding="same", activation="relu")(x)

#输出层
outputs = layers.Conv2D(NUM_CLASSES, 1, activation="softmax")(x)

return keras.Model(inputs, outputs)

#编译模型
model = unet_model(input_shape=(*IMAGE_SIZE, 3))
```

```
model.compile(
optimizer=keras.optimizers.Adam(learning_rate=0.001),
loss=keras.losses.SparseCategoricalCrossentropy(),
metrics=[keras.metrics.SparseCategoricalAccuracy()],
)

#训练模型
history = model.fit(
train_images,
train_labels,
batch_size=BATCH_SIZE,
epochs=50,
validation_data=(val_images, val_labels),
)
```

由 Jupyter 运行上述代码，得到训练期间输出的日志，如图 6-21 所示。

```
Epoch 1/50
2023-04-07 17:21:39.892722: I tensorflow/stream_executor/cuda/cuda_dnn.cc:369] Loaded cuDNN version 8500
2023-04-07 17:21:42.028892: I tensorflow/core/platform/default/subprocess.cc:304] Start cannot spawn child process: No such file or directory
2023-04-07 17:21:46.258788: W tensorflow/core/common_runtime/bfc_allocator.cc:272] Allocator (GPU_0_bfc) ran out of memory trying to allocate 2.98GiB with freed_by_cour
t this is not a failure, but may mean that there could be performance gains if more memory were available.
2023-04-07 17:21:46.258884: W tensorflow/core/common_runtime/bfc_allocator.cc:272] Allocator (GPU_0_bfc) ran out of memory trying to allocate 2.98GiB with freed_by_cour
t this is not a failure, but may mean that there could be performance gains if more memory were available.
2023-04-07 17:21:46.534508: W tensorflow/core/common_runtime/bfc_allocator.cc:272] Allocator (GPU_0_bfc) ran out of memory trying to allocate 1.33GiB with freed_by_cour
t this is not a failure, but may mean that there could be performance gains if more memory were available.
2023-04-07 17:21:46.534546: W tensorflow/core/kernels/gpu_utils.cc:49] Failed to allocate memory for convolution redzone checking; skipping this check. This is benign a
heck cudnn for out-of-bounds reads and writes. This message will only be printed once.
2023-04-07 17:21:46.534734: W tensorflow/core/common_runtime/bfc_allocator.cc:272] Allocator (GPU_0_bfc) ran out of memory trying to allocate 1.99GiB with freed_by_cour
t this is not a failure, but may mean that there could be performance gains if more memory were available.
2023-04-07 17:21:46.534897: W tensorflow/core/common_runtime/bfc_allocator.cc:272] Allocator (GPU_0_bfc) ran out of memory trying to allocate 1.33GiB with freed_by_cour
t this is not a failure, but may mean that there could be performance gains if more memory were available.
2023-04-07 17:21:46.702165: W tensorflow/core/common_runtime/bfc_allocator.cc:272] Allocator (GPU_0_bfc) ran out of memory trying to allocate 1.99GiB with freed_by_cour
t this is not a failure, but may mean that there could be performance gains if more memory were available.
21/21 [==============================] - 57s 2s/step - loss: 2.7901 - sparse_categorical_accuracy: 0.2218 - val_loss: 2.0133 - val_sparse_categorical_accuracy: 0.2738
Epoch 2/50
21/21 [==============================] - 26s 1s/step - loss: 1.7886 - sparse_categorical_accuracy: 0.4147 - val_loss: 1.5937 - val_sparse_categorical_accuracy: 0.4859
Epoch 3/50
21/21 [==============================] - 25s 1s/step - loss: 1.5394 - sparse_categorical_accuracy: 0.4726 - val_loss: 1.5273 - val_sparse_categorical_accuracy: 0.5009
Epoch 4/50
21/21 [==============================] - 25s 1s/step - loss: 1.4117 - sparse_categorical_accuracy: 0.5318 - val_loss: 1.2286 - val_sparse_categorical_accuracy: 0.5988
Epoch 5/50
21/21 [==============================] - 25s 1s/step - loss: 1.2594 - sparse_categorical_accuracy: 0.6001 - val_loss: 1.1512 - val_sparse_categorical_accuracy: 0.6086
Epoch 6/50
21/21 [==============================] - 26s 1s/step - loss: 1.1028 - sparse_categorical_accuracy: 0.6370 - val_loss: 1.0095 - val_sparse_categorical_accuracy: 0.6747
Epoch 7/50
21/21 [==============================] - 25s 1s/step - loss: 1.0246 - sparse_categorical_accuracy: 0.6575 - val_loss: 0.9962 - val_sparse_categorical_accuracy: 0.6776
Epoch 8/50
21/21 [==============================] - 25s 1s/step - loss: 1.0407 - sparse_categorical_accuracy: 0.6498 - val_loss: 0.9808 - val_sparse_categorical_accuracy: 0.6779
Epoch 9/50
21/21 [==============================] - 26s 1s/step - loss: 0.9709 - sparse_categorical_accuracy: 0.6702 - val_loss: 0.9208 - val_sparse_categorical_accuracy: 0.6991
Epoch 10/50
21/21 [==============================] - 31s 2s/step - loss: 0.9390 - sparse_categorical_accuracy: 0.6765 - val_loss: 0.8871 - val_sparse_categorical_accuracy: 0.6938
Epoch 11/50
21/21 [==============================] - 34s 2s/step - loss: 0.9126 - sparse_categorical_accuracy: 0.6850 - val_loss: 0.8688 - val_sparse_categorical_accuracy: 0.7203
Epoch 12/50
21/21 [==============================] - 35s 2s/step - loss: 0.8710 - sparse_categorical_accuracy: 0.7020 - val_loss: 0.8319 - val_sparse_categorical_accuracy: 0.7189
Epoch 13/50
21/21 [==============================] - 34s 2s/step - loss: 0.8331 - sparse_categorical_accuracy: 0.7226 - val_loss: 0.7957 - val_sparse_categorical_accuracy: 0.7300
Epoch 14/50
21/21 [==============================] - 33s 2s/step - loss: 0.8049 - sparse_categorical_accuracy: 0.7345 - val_loss: 0.7366 - val_sparse_categorical_accuracy: 0.7543
Epoch 15/50
21/21 [==============================] - 33s 2s/step - loss: 0.7640 - sparse_categorical_accuracy: 0.7493 - val_loss: 0.7409 - val_sparse_categorical_accuracy: 0.7641
```

图 6-21 训练期间输出的日志

```
Epoch 16/50
21/21 [==============================] - 36s 2s/step - loss: 0.7292 - sparse_categorical_accuracy: 0.7655 - val_loss: 0.6825 - val_sparse_categorical_accuracy: 0.7844
Epoch 17/50
21/21 [==============================] - 34s 2s/step - loss: 0.7329 - sparse_categorical_accuracy: 0.7641 - val_loss: 0.7200 - val_sparse_categorical_accuracy: 0.7757
Epoch 18/50
21/21 [==============================] - 36s 2s/step - loss: 0.6901 - sparse_categorical_accuracy: 0.7808 - val_loss: 0.7292 - val_sparse_categorical_accuracy: 0.7702
Epoch 19/50
21/21 [==============================] - 36s 2s/step - loss: 0.6918 - sparse_categorical_accuracy: 0.7802 - val_loss: 0.6650 - val_sparse_categorical_accuracy: 0.7953
Epoch 20/50
21/21 [==============================] - 34s 2s/step - loss: 0.6583 - sparse_categorical_accuracy: 0.7941 - val_loss: 0.6153 - val_sparse_categorical_accuracy: 0.8095
Epoch 21/50
21/21 [==============================] - 36s 2s/step - loss: 0.6192 - sparse_categorical_accuracy: 0.8061 - val_loss: 0.6341 - val_sparse_categorical_accuracy: 0.8084
Epoch 22/50
21/21 [==============================] - 32s 2s/step - loss: 0.6168 - sparse_categorical_accuracy: 0.8074 - val_loss: 0.5588 - val_sparse_categorical_accuracy: 0.8274
Epoch 23/50
21/21 [==============================] - 34s 2s/step - loss: 0.6113 - sparse_categorical_accuracy: 0.8095 - val_loss: 0.6879 - val_sparse_categorical_accuracy: 0.7937
Epoch 24/50
21/21 [==============================] - 34s 2s/step - loss: 0.6147 - sparse_categorical_accuracy: 0.8067 - val_loss: 0.5439 - val_sparse_categorical_accuracy: 0.8339
Epoch 25/50
21/21 [==============================] - 34s 2s/step - loss: 0.5773 - sparse_categorical_accuracy: 0.8195 - val_loss: 0.5326 - val_sparse_categorical_accuracy: 0.8350
Epoch 26/50
21/21 [==============================] - 34s 2s/step - loss: 0.5602 - sparse_categorical_accuracy: 0.8250 - val_loss: 0.6855 - val_sparse_categorical_accuracy: 0.7921
Epoch 27/50
21/21 [==============================] - 35s 2s/step - loss: 0.6226 - sparse_categorical_accuracy: 0.8073 - val_loss: 0.5569 - val_sparse_categorical_accuracy: 0.8253
Epoch 28/50
21/21 [==============================] - 34s 2s/step - loss: 0.5635 - sparse_categorical_accuracy: 0.8243 - val_loss: 0.5234 - val_sparse_categorical_accuracy: 0.8380
Epoch 29/50
21/21 [==============================] - 34s 2s/step - loss: 0.5268 - sparse_categorical_accuracy: 0.8349 - val_loss: 0.4760 - val_sparse_categorical_accuracy: 0.8529
Epoch 30/50
21/21 [==============================] - 33s 2s/step - loss: 0.5212 - sparse_categorical_accuracy: 0.8365 - val_loss: 0.5085 - val_sparse_categorical_accuracy: 0.8408
Epoch 31/50
21/21 [==============================] - 35s 2s/step - loss: 0.5091 - sparse_categorical_accuracy: 0.8399 - val_loss: 0.4924 - val_sparse_categorical_accuracy: 0.8486
Epoch 32/50
21/21 [==============================] - 34s 2s/step - loss: 0.4859 - sparse_categorical_accuracy: 0.8484 - val_loss: 0.4781 - val_sparse_categorical_accuracy: 0.8520
Epoch 33/50
21/21 [==============================] - 34s 2s/step - loss: 0.4730 - sparse_categorical_accuracy: 0.8519 - val_loss: 0.4527 - val_sparse_categorical_accuracy: 0.8581
Epoch 34/50
21/21 [==============================] - 35s 2s/step - loss: 0.4563 - sparse_categorical_accuracy: 0.8561 - val_loss: 0.4410 - val_sparse_categorical_accuracy: 0.8631
Epoch 35/50
21/21 [==============================] - 35s 2s/step - loss: 0.4547 - sparse_categorical_accuracy: 0.8570 - val_loss: 0.4954 - val_sparse_categorical_accuracy: 0.8441
Epoch 36/50
21/21 [==============================] - 34s 2s/step - loss: 0.5662 - sparse_categorical_accuracy: 0.8227 - val_loss: 1.1644 - val_sparse_categorical_accuracy: 0.6086
Epoch 37/50
21/21 [==============================] - 35s 2s/step - loss: 0.8244 - sparse_categorical_accuracy: 0.7477 - val_loss: 0.5840 - val_sparse_categorical_accuracy: 0.8194
Epoch 38/50
21/21 [==============================] - 36s 2s/step - loss: 0.6225 - sparse_categorical_accuracy: 0.8065 - val_loss: 0.5319 - val_sparse_categorical_accuracy: 0.8379
Epoch 39/50
21/21 [==============================] - 35s 2s/step - loss: 0.5142 - sparse_categorical_accuracy: 0.8400 - val_loss: 0.4531 - val_sparse_categorical_accuracy: 0.8598
Epoch 40/50
21/21 [==============================] - 34s 2s/step - loss: 0.4691 - sparse_categorical_accuracy: 0.8530 - val_loss: 0.4399 - val_sparse_categorical_accuracy: 0.8643
Epoch 41/50
21/21 [==============================] - 35s 2s/step - loss: 0.4519 - sparse_categorical_accuracy: 0.8574 - val_loss: 0.4350 - val_sparse_categorical_accuracy: 0.8641
Epoch 42/50
21/21 [==============================] - 34s 2s/step - loss: 0.4574 - sparse_categorical_accuracy: 0.8558 - val_loss: 0.4765 - val_sparse_categorical_accuracy: 0.8573
Epoch 43/50
21/21 [==============================] - 35s 2s/step - loss: 0.4375 - sparse_categorical_accuracy: 0.8620 - val_loss: 0.4203 - val_sparse_categorical_accuracy: 0.8692
Epoch 44/50
21/21 [==============================] - 35s 2s/step - loss: 0.4198 - sparse_categorical_accuracy: 0.8661 - val_loss: 0.4152 - val_sparse_categorical_accuracy: 0.8707
Epoch 45/50
21/21 [==============================] - 36s 2s/step - loss: 0.3947 - sparse_categorical_accuracy: 0.8738 - val_loss: 0.4052 - val_sparse_categorical_accuracy: 0.8734
Epoch 46/50
21/21 [==============================] - 35s 2s/step - loss: 0.3753 - sparse_categorical_accuracy: 0.8800 - val_loss: 0.4166 - val_sparse_categorical_accuracy: 0.8739
Epoch 47/50
21/21 [==============================] - 36s 2s/step - loss: 0.3715 - sparse_categorical_accuracy: 0.8810 - val_loss: 0.4156 - val_sparse_categorical_accuracy: 0.8700
Epoch 48/50
21/21 [==============================] - 38s 2s/step - loss: 0.3867 - sparse_categorical_accuracy: 0.8757 - val_loss: 0.3971 - val_sparse_categorical_accuracy: 0.8788
Epoch 49/50
21/21 [==============================] - 34s 2s/step - loss: 0.3733 - sparse_categorical_accuracy: 0.8804 - val_loss: 0.3765 - val_sparse_categorical_accuracy: 0.8814
Epoch 50/50
21/21 [==============================] - 35s 2s/step - loss: 0.3510 - sparse_categorical_accuracy: 0.8871 - val_loss: 0.3673 - val_sparse_categorical_accuracy: 0.8864
```

图 6-21 训练期间输出的日志（续）

```
#评估模型
test_loss, test_acc = model.evaluate(test_images, test_labels, batch_size=BATCH_SIZE)
print("Test loss:", test_loss)
print("Test accuracy:", test_acc)
model.save("unet_camvid.h5")    #保存模型
```

由 Jupyter 运行上述代码，得到模型评估日志，如图 6-22 所示。

```
15/15 [==============================] - 3s 200ms/step - loss: 0.6184 - sparse_categorical_accuracy: 0.8157
Test loss: 0.618428111076355
Test accuracy: 0.8156925439834595
```

图 6-22 模型评估日志

```
#绘制准确率和损失图像
plt.figure(figsize=(10, 5))
plt.subplot(1, 2, 1)
plt.plot(history.history["sparse_categorical_accuracy"], label="train")
plt.plot(history.history["val_sparse_categorical_accuracy"], label="val")
plt.title("Accuracy")
plt.legend()

plt.subplot(1, 2, 2)
plt.plot(history.history["loss"], label="train")
plt.plot(history.history["val_loss"], label="val")
plt.title("Loss")
plt.legend()
plt.show()
```

由 Jupyter 运行上述代码，得到准确率和损失值变化曲线如图 6-23 所示。

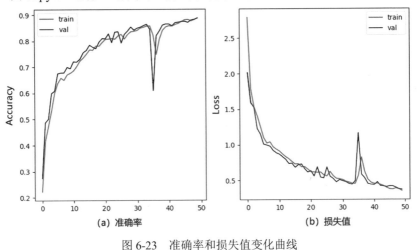

图 6-23　准确率和损失值变化曲线

6.4.2　街景分割模型推理

利用 ChatGPT 生成一个推理代码，从某个文件夹中批量读取测试图像并

169

进行分割，完整代码如下。

```python
import os
import numpy as np
import matplotlib.pyplot as plt
import tensorflow as tf

IMAGE_SIZE = (360, 480)
#加载已经训练好的模型
model = tf.keras.models.load_model('unet_camvid.h5', compile=False)

#读取测试图像，并进行分割
test_dir = "CamVid/val"
for filename in os.listdir(test_dir):
    #读取图像
    image_path = os.path.join(test_djr, filename)
    image = tf.keras.preprocessing.image.load_img(
        image_path, target_size=(*IMAGE_SIZE, 3))
    image = tf.keras.preprocessing.image.img_to_array(image)
    image = image.astype("float32") / 255.0

    #进行图像分割
    prediction = model.predict(np.expand_dims(image, axis=0))
    predicted_mask = np.argmax(prediction[0], axis=-1)
    predicted_mask = predicted_mask.astype("uint8")

    #显示原图像和分割后的图像
    plt.figure(figsize=(10, 5))
    plt.subplot(1, 2, 1)
    plt.imshow(image)
    plt.title("Test Image")

    plt.subplot(1, 2, 2)
    plt.imshow(predicted_mask, cmap="gray")
    plt.title("Predicted Mask")
```

基于分割数据集 CamVid 的街景分割效果如图 6-24 所示。

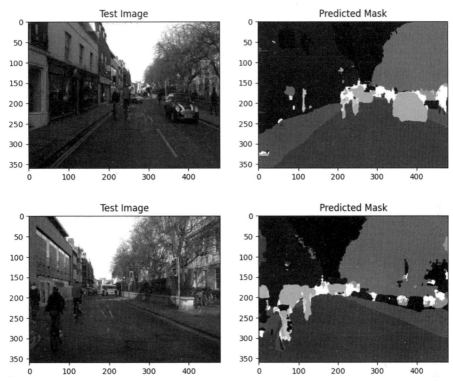

图 6-24　基于分割数据集 CamVid 的街景分割效果

灰度图的分割效果不够明显，可以调整为彩色，代码如下。

```
import os
import numpy as np
import matplotlib.pyplot as plt
import tensorflow as tf

IMAGE_SIZE = (360, 480)
#加载已经训练好的模型
model = tf.keras.models.load_model('unet_camvid.h5', compile=False)
#定义类别名称和颜色编码
```

```
class_names = [
    "Sky",
    "Building",
    "Pole",
    "Road",
    "Pavement",
    "Tree",
    "SignSymbol",
    "Fence",
    "Car",
    "Pedestrian",
    "Bicyclist",
]
colors = [
    [128, 128, 128],    # Sky
    [128, 0, 0],        # Building
    [192, 192, 128],    # Pole
    [128, 64, 128],     # Road
    [60, 40, 222],      # Pavement
    [128, 128, 0],      # Tree
    [192, 128, 128],    # SignSymbol
    [64, 64, 128],      # Fence
    [64, 0, 128],       # Car
    [64, 64, 0],        # Pedestrian
    [0, 128, 192],      # Bicyclist
]

#读取测试图像，并进行分割
test_dir = "CamVid/val"
for filename in os.listdir(test_dir):
    #读取图像
```

```python
image_path = os.path.join(test_dir, filename)
image = tf.keras.preprocessing.image.load_img(
    image_path, target_size=(*IMAGE_SIZE, 3))
image = tf.keras.preprocessing.image.img_to_array(image)
image = image.astype("float32") / 255.0

#进行图像分割
prediction = model.predict(np.expand_dims(image, axis=0))
predicted_mask = np.argmax(prediction[0], axis=-1)

#将分割结果转换为彩色图像
color_mask = np.zeros((*predicted_mask.shape, 3), dtype=np.uint8)
for i, color in enumerate(colors):
    color_mask[predicted_mask == i] = color

#显示原图像和分割后的图像
plt.figure(figsize=(10, 5))
plt.subplot(1, 2, 1)
plt.imshow(image)
plt.title("Test Image")

plt.subplot(1, 2, 2)
plt.imshow(color_mask)
plt.title("Predicted Mask")

#添加图例
# handles = [plt.Rectangle((0,0),1,1, color=c/255, ec="k") for c in colors]
# plt.legend(handles, class_names, loc="lower right")
# plt.show()
```

基于分割数据集 CamVid 的街景分割调整效果如图 6-25 所示为。

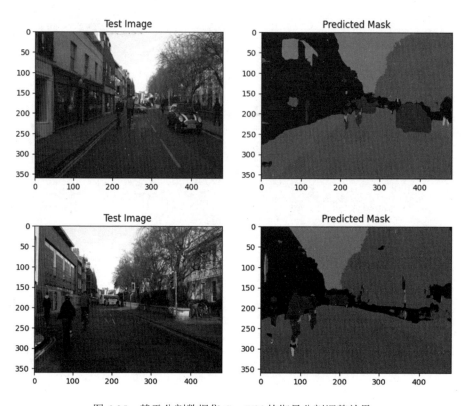

图 6-25　基于分割数据集 CamVid 的街景分割调整效果

6.5　ChatGPT 图像生成应用

OpenAI 提供基于 DALL-E 模型的图像生成接口。具体有以下 3 种图像交互方式。

- Create image：根据文本提示从头创建图像。
- Create image edit：基于新的文本提示创建现有图像的编辑。
- Create image variation：创建现有图像的变体。

6.5.1　图像创建

1.　图像生成 API 简介

图像生成 API 允许用户根据文本提示生成对应图像，可以生成 256×256、512×512 或 1024×1024 像素的图像，尺寸越小，生成速度就越快。使用 *n* 参数一次可以请求 1～10 个图像。

生成参数的关键代码如下。

```
response = openai.Image.create(
    prompt="a white siamese cat",
    n=1,
    size="1024x1024"
)
image_url = response['data'][0]['url']
```

描述越详细，就越有可能得到想要的结果。可以在 DALL-E 预览应用程序中研究示例，以获得更多灵感。OpenAI 官网提供的图像生成示例如图 6-26 所示。

PROMPT

a white siamese cat

GENERATION

a close up, studio photographic portrait of a white siamese cat that looks curious, backlit ears

图 6-26　OpenAI 官网提供的图像生成示例

2．在本地构建图像生成代码

在自行编写程序调用 OpenAI 图像生成 API 前，需要先获取个人的 API keys。先登录自己的 OpenAI 账号，单击头像，选择"API Keys"选项，即可进入 API keys 的创建页面，如图 6-27 所示。单击"Create new secret key"按钮进行创建。

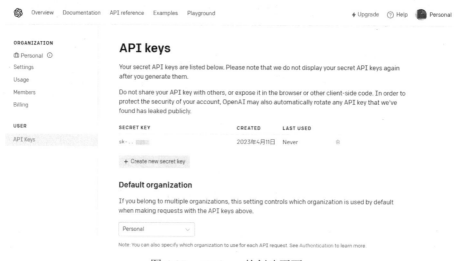

图 6-27　API keys 的创建页面

创建完成后编写 Python 代码，将其中的 openai.api_key 替换为自己的 API keys，以 prompt 参数定义相关描述，代码如下。

```
import requests
import openai
openai.api_key = 'your openai_api key'    #此处需要替换为自己的 API keys

response = openai.Image.create(
    prompt="屋顶上开满紫藤花，上面有几只长毛三花猫在睡觉",
    n=1,
    size="1024x1024"
)
image_url = response['data'][0]['url']
print(image_url)
```

运行代码，输出生成图像的 url 地址，PyCharm 运行效果如图 6-28 所示。

图 6-28　PyCharm 运行效果

在浏览器中打开该地址，得到图像生成效果如图 6-29 所示。

图 6-29　图像生成效果

6.5.2 图像编辑

1. 图像编辑 API 简介

图像编辑功能允许用户通过上传掩码（mask）来编辑和扩展图像。蒙版的透明区域表示图像应该被编辑的位置，prompt 应该描述完整的新图像，而不是仅描述被擦除的区域。

关键代码如下。

```
response = openai.Image.create_edit(
    image=open("sunlit_lounge.png", "rb"),
    mask=open("mask.png", "rb"),
    prompt="A sunlit indoor lounge area with a pool containing a flamingo",
    n=1,
    size="1024x1024"
)
image_url = response['data'][0]['url']
```

输入的原始图像和 mask 图像如图 6-30 所示，mask 图像中的相应位置进行了透明处理。

（a）原始图像　　　　　　　　　　（b）mask 图像

图 6-30　输入的原始图像和 mask 图像

输出图像如图 6-31 所示。

图 6-31　输出图像

　　注意，上传的图像和掩码必须都是小于 4MB 的 PNG 格式的正方形图像，且尺寸必须一致。在生成时不使用掩码的非透明区域，因此它们不必像上面的例子那样与原始图像匹配。

2．在本地构建图像生成代码

具体代码如下。

```
import requests
import openai
openai.api_key = 'your openai_api key'    #此处需要替换为自己的 API keys

response = openai.Image.create_edit(
    image=open("image.png", "rb"),
    mask=open("mask.png", "rb"),
    prompt="山上树木丛生，远处夕阳西下，把天空染成金黄色",

    n=1,
    size="1024x1024"
)
image_url = response['data'][0]['url']
print(image_url)
```

原始图像（imges.png）和 mask 图像（mask.png）如图 6-32 所示。其中，mask 图像的天空部分已全部处理为透明。

（a）原始图像 　　　　　　　　　　　　　（b）mask 图像

图 6-32　原始图像和 mask 图像

加上"夕阳"信息的效果图如图 6-33 所示。

图 6-33　加上"夕阳"信息的效果图

6.5.3　图像变体

可以生成与原图像类似的具有不同姿态的图像，代码如下。

```
response = openai.Image.create_variation(
    image=open("corgi_and_cat_paw.png", "rb"),
    n=1,
    size="1024x1024"
)
image_url = response['data'][0]['url']
```

注意：与图像编辑类似，输入图像必须是小于 4MB 的 PNG 格式的正方形图像。

完整代码如下。

```
import requests
import openai
openai.api_key = 'your openai_api key'    #此处需要替换为自己的 API keys

response = openai.Image.create_variation(
    image=open("1.png", "rb"),
    n=1,
    size="1024x1024"
)
image_url = response['data'][0]['url']
print(image_url)
```

4 组效果图如图 6-34 所示。左边为原图像，右边为生成图像。

图 6-34　4 组效果图

图 6-34　4 组效果图（续）

6.5.4　内容审核

生成的提示语言（prompts）和图像都会基于 OpenAI 的审核策略进行过滤。如果生成的提示语言或图像被检测到，会直接返回错误。

以下是 OpenAI 的审核规范，以下行为会被检测到。

- Hate（仇恨）：带有仇恨意义的符号、消极的刻板印象、将某些群体与动物或物体进行比较、暗含种族歧视的各种表达和行为等相关内容。

- Harassment（骚扰）：嘲笑、威胁或恐吓相关内容。

- Violence（暴力）：涉及暴力行为、使他人感到痛苦或羞辱的相关内容。

- Self-harm（自残）：自杀、割伤、饮食失调和其他企图伤害自己的行为的相关内容。

- Sexual（性）：涉及裸体、性行为、性服务或其他旨在引起性兴奋的内容。

- Shocking（令人震惊的行为）：涉及体液、猥亵手势等可能令人震惊或厌恶的内容。

- Illegal activity（非法活动）：涉及吸毒、盗窃、破坏公物等非法活动的相关内容。

- Deception（欺骗）：与正在发生的重大地缘政治事件有关的重大阴谋或事件等相关内容。

- Political（政治性）：涉及政治家、投票箱、抗议活动或其他可能用于影响政治进程或竞选活动的相关内容。

- Public and Personal Health（公共和个人健康）：疾病的治疗、预防、诊断或传播相关内容。

- Spam（垃圾邮件）：未经请求的大量内容。

此外，也不能使用人工智能参与的作品误导他人。

- 在分享工作内容时，OpenAI 鼓励用户向他人透露人工智能参与了制作。

- 用户可以删除作品中的 DALL-E 签名，但是不可以就工作性质误导他人。例如，告诉别人由人工智能参与制作的作品完全是某个人的作品，或者告诉别人由人工智能制作的图像是在现实中真实存在的。
- 未经他人同意，不要上传他人照片，不要上传没有使用权的图像，不要制造公众人物的形象。

6.6 习题

1．判断题

（1）如果要实现目标检测功能，可优先寻找可以直接使用的 API 或训练好的模型，如果均不符合需求，再考虑自行训练模型。（　　）

（2）与使用 API 或训练好的模型相比，自行训练模型的门槛更高，需要开发者掌握一定的机器学习知识。（　　）

（3）进行人工智能应用开发，常用的深度学习库有 TensorFlow 和 PyTorch，两者均必须在有 GPU 的设备上运行。（　　）

（4）使用 OpenAI 的图像生成 API 处理图像，可以直接输入 PNG 格式的非正方形图像，程序可以将结果自动处理为正方形图像并输出。（　　）

（5）使用 ChatGPT 提问或指导代码生成时，输出的答案肯定是正确的。（　　）

2．填空题

（1）深度学习在图像处理中常见的应用有_____、_____、_____、_____。

（2）经典的深度学习检测模型有_____、_____、_____、_____等，它们都是通用物体的检测模型，也有专门针对人脸检测的模型，如_____。

第 7 章

ChatGPT 数据库应用开发

数据库技术是现代信息技术的核心之一，数据作为企业的重要资源，对企业的决策制定和运营管理有重要作用。如今，随着大数据、人工智能等技术的不断发展和应用，数据库技术也在不断演进和完善。ChatGPT 作为前沿的自然语言处理技术，可以帮助我们更好地理解和利用数据库中的数据信息。本章探讨 ChatGPT 在数据库应用中的实践和应用案例。

学习重点
◎了解数据库应用开发现状。
◎了解 ChatGPT 在数据库应用开发方面的优势。
◎掌握如何通过 ChatGPT 开发数据库。

7.1 ChatGPT 模拟数据库

数据库管理是计算机科学中的重要内容，MySQL 作为一种流行的关系型数据库管理系统，被广泛用于开发和管理各类应用程序。然而，在某些情况下，我们可能希望在没有实际的 MySQL 数据库服务器的情况下进行数据库操作。这时，可以用聊天型语言模型（如 ChatGPT）模拟 MySQL 数据库的行为和功能。

ChatGPT 是当前的热门产品，很多人使用 ChatGPT 写文章、编程、做题等。下面介绍如何把 ChatGPT 变成 MySQL 数据库。

在使用 ChatGPT 模拟 MySQL 数据库时，可以通过与 ChatGPT 对话的方式，输入 SQL 查询语句或指令，并从 ChatGPT 处获得模拟的数据库执行结果。虽然 ChatGPT 不会实际连接真实的 MySQL 数据库服务器，但它可以通过生成文本响应来模拟 MySQL 数据库的行为，包括执行 SQL 查询、创建表、插入数据、更新数据、删除数据等操作。

（1）输入："你来充当一个 MySQL 数据库服务端，并且假设有一个 cstor 数据库，里面已经准备好了一张含 10000 条记录的数据表 user，我会用 root 账号从 MySQL 客户端登录，我输入 SQL 指令，你用 SQL 返回执行结果。" ChatGPT 的回答如图 7-1 所示。

好的，请输入您想要执行的 SQL 指令，我将为您返回执行结果。

图 7-1　ChatGPT 的回答

这时的 ChatGPT 已经在模拟数据库了，可以查看 ChatGPT 模拟的是什么版本。

（2）输入："select version();"，输出的数据库版本如图 7-2 所示。

图 7-2　输出的数据库版本

这里 ChatGPT 模拟的版本是 8.0.26，是 2021 年发布的 MySQL 版本。接下来查看有哪些数据库。

（3）输入："show databases;"，输出的数据库如图 7-3 所示。

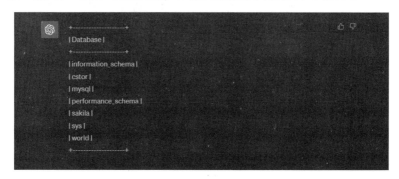

图 7-3　输出的数据库

不难看出，ChatGPT 已经建好了 cstor 数据库，这与指令一致，接下来切换到 cstor 数据库。

（4）输入："use cstor;"，切换数据库，如图 7-4 所示。

图 7-4　切换数据库

切换成功，查看是否创建了 user 表。

（5）输入："show tables;"，查看数据库表，如图 7-5 所示。

图 7-5 查看数据库表

可以看出，user 表已经存在了，下面查看 user 表的结构。

（6）输入："desc user;"，得到 user 表的结构，如图 7-6 所示。

图 7-6 user 表的结构

这里可以看出 ChatGPT 自动加了一张表，这张表有 6 个字段，之前的命令并没有做相应的要求，是 ChatGPT 自行构建的。接着查看记录数是否符合要求。

（7）输入："select count(*) from user;"，得到记录数，如图 7-7 所示。

图 7-7 记录数

记录数符合要求，有 10000 条记录。然后新增一张表，看看 ChatGPT 能否操作成功。

（8）输入："create table t1(id int,name varchar(32),address varchar(256), create time datetime default current——timestamp);", 新增表, 如图 7-8 所示。

图 7-8　新增表

这里 ChatGPT 返回创建成功的消息, 查看新增表结构。

（9）输入："desc t1;", 得到新增表结构, 如图 7-9 所示。

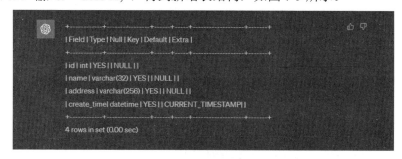

图 7-9　新增表结构

DDL 解析得很准确, 4 个字段也都在新表中。

（10）输入："select * from t1;", 查看表中数据, 如图 7-10 所示。

图 7-10　查看表中数据

这里 ChatGPT 返回的是没有数据, 这是正确的, 因为之前创建的是空表。现在插入一条数据, 数据的 creat_time 应该是自动生成的, 可以测试一下 ChatGPT 能否自动生成。

（11）输入："insert into t1(id,name,address) values(1,'cncstor','http://www. cstor.cn/');", 插入数据, 如图 7-11 所示。

图 7-11　插入数据

插入成功，查看全表。

（12）输入："select * from t1;"，查看全表，如图 7-12 所示。

图 7-12 查看全表

数据返回了，也符合我们的期望，ChatGPT 自动生成了 creat_time。

最后查看 user 表的执行计划。

（13）输入："explain select * from user;"，得到 user 表的执行计划，如图 7-13 所示。

图 7-13 user 表的执行计划

显示的都是正确的，与 MySQL 的执行计划相同。不难看出，ChatGPT 模拟的 MySQL 数据库是非常真实的。

使用 ChatGPT 模拟 MySQL 数据库，可以在没有实际 MySQL 数据库服务器的情况下进行 SQL 查询和操作，并且获得模拟的数据库执行结果。这使得用户可以在测试、演示、教学，以及没有实际数据库访问权限的情况下，进行数据库操作。

需要注意的是，虽然 ChatGPT 可以模拟 MySQL 数据库的行为和功能，但它不是真实的数据库服务器，不能处理大规模、高并发的数据库操作，也没有实际的持久化存储功能。因此，在实际生产环境中，应该使用真实的 MySQL 数据库服务器来处理实际的数据库操作。

使用 ChatGPT 模拟 MySQL 数据库的优点之一是灵活性较强。通过对话方式输入 SQL 查询语句或指令，用户可以轻松地与 ChatGPT 交互，进行多轮查询和操作，根据需要灵活地调整查询条件、更新数据、删除数据等，从而模拟不同的数据库操作场景。

优点还包括可定制性。作为一个语言模型，ChatGPT 可以根据用户输入的不同指令和查询语句，生成相应的模拟数据库执行结果。这意味着可以通过调整 ChatGPT 的模型参数、设置和配置，来模拟不同的数据库架构、表结构和数据内容，从而满足不同场景的需求。

此外，使用 ChatGPT 模拟 MySQL 数据库，还可以提供一种安全性较高的方式，以进行数据库操作。由于 ChatGPT 没有连接真实的数据库服务器，所以不存在对实际数据库的实际操作，消除了潜在的数据泄露或误操作的风险。

需要注意的是，使用 ChatGPT 模拟 MySQL 数据库也存在一些限制。第一，ChatGPT 不是真实的数据库服务器，不能进行大规模、高并发的数据库操作，也没有持久化存储功能。第二，由于 ChatGPT 仅通过生成文本来模拟数据库操作结果，所以可能无法提供与实际数据库完全一致的结果。

此外，由于 ChatGPT 是基于大量文本数据训练得到的语言模型，其生成的结果可能受训练数据的限制，所以需要谨慎看待生成的模拟数据库执行结果，以免产生误解。

在实际应用中，应根据具体需求和场景的复杂性选择合适的数据库管理方式。

7.2　自然语言生成 SQL 语句

近年来，自然语言生成 SQL 语句相关研究成为人工智能和数据库领域的热门研究方向。下面介绍如何将 ChatGPT 作为生成器，以实现自然语言生成 SQL 语句的应用。

自然语言生成 SQL 语句的实现：自然语言生成 SQL 语句相关研究旨在将用户的自然语言描述转换为 SQL 语句，实现对数据库的操作。主要包括以下内容。

（1）数据预处理。在使用 ChatGPT 生成 SQL 语句之前，需要对用户输入的自然语言进行预处理，包括词法分析、句法分析等，以便将用户输入的自然语言描述转换为计算机可以理解的形式。例如，将用户输入的自然语言中的关键词提取出来，作为生成 SQL 语句的输入。

（2）SQL 语句生成。将 ChatGPT 作为生成器，其以对话的形式与用户交互，获取用户输入的自然语言描述，并生成相应的 SQL 语句。ChatGPT 可以根据训练数据的语言模式和规则，生成具有合理语法和语义的 SQL 语句。例如，当用户需要查询某个表中的数据时，ChatGPT 可以生成相应的 SELECT 语句。

（3）相应的查询条件和排序规则。当用户需要插入、更新或删除数据时，ChatGPT 可以生成相应的 INSERT、UPDATE 或 DELETE 语句，并根据用户的描述生成对应的操作参数和条件。

（4）错误处理。在生成 SQL 语句的过程中，可能会出现语法错误、语义错误或逻辑错误。为了提高所生成的 SQL 语句的准确性和可用性，需要对生成的 SQL 语句进行错误处理。例如，检查生成的 SQL 语句是否符合语法规范、是否能正确执行数据库操作、是否与用户的自然语言描述一致等。如果生成的 SQL 语句存在错误，可以通过相应的错误处理机制进行修正或提示用户重新输入。

（5）用户交互。用户可以通过与 ChatGPT 对话，不断调整自然语言描述，从而生成满足需要的 SQL 语句。这种交互过程可以帮助用户更加灵活和方便地操作数据库，无须掌握复杂的 SQL 语法和编程技能。

（6）实际应用。自然语言生成 SQL 语句在实际应用中具有很高的价值。例如，可以应用于数据库管理工具、数据分析和报表生成工具、智能助手等。用户可以通过简单的自然语言描述，实现对数据库的查询、插入、更新和删除操作，提高了非专业用户的数据库操作效率，提升了操作体验。

下面通过 8 个示例来帮助读者理解。

1. 修改现有查询语句

该示例展示如何向 ChatGPT 提供一个现有的复杂 SQL 语句，并要求它进行修改：从现有的 SQL 查询中删除特定结果。

输入：

请修改以下 SQL 语句，删除 2021 年第一季度的数据，并返回其他季度的数据。

```
SELECT product_name, SUM(quantity) AS total_quantity_sold
FROM sales
WHERE date BETWEEN '2021-01-01' AND '2021-12-31'
GROUP BY product_name
ORDER BY total_quantity_sold DESC;
```

返回的 SQL 语句如下。

```
SELECT product_name, SUM(quantity) AS total_quantity_sold
FROM sales
WHERE date BETWEEN '2021-04-01' AND '2021-12-31'
GROUP BY product_name
ORDER BY total_quantity_sold DESC;
```

在原始的 SQL 语句中，使用了 BETWEEN '2021-01-01' AND '2021-12-31' 来筛选 2021 年的数据，其中包含 2021 年第一季度的数据。根据需求，应删除 2021 年第一季度的数据，并返回其他季度的数据，因此将 WHERE 条件中的日期修改为 '2021-04-01' AND '2021-12-31'，以去除第一季度的数据。其余部分的逻辑保持不变，仍然使用 GROUP BY 子句进行分组，并按照总销售数量降序排列。

2. 生成 SQL 语句

输入：

展示每个分类中最近一个月的产品销售数量，同时显示分类的名称和最后一次销售的日期。

返回的 SQL 语句如下。

```
SELECT  category_name,  product_name,  SUM(quantity)  AS  total_quantity_sold,
MAX(date) AS last_sale_date
    FROM sales
    INNER JOIN products ON sales.product_id = products.product_id
    INNER JOIN categories ON products.category_id = categories.category_id
    WHERE date >= DATE_SUB(CURDATE(), INTERVAL 1 MONTH)
    GROUP BY categories.category_id, product_name
    ORDER BY category_name, last_sale_date DESC;
```

在上述 SQL 语句中，sales 表记录了销售信息，products 表记录了产品信息，categories 表记录了分类信息。使用 INNER JOIN 语句将这 3 个表连接起来，以获取完整的数据。

使用 WHERE 子句筛选最近一个月的数据，通过 DATE_SUB 函数和 CURDATE 函数得到起始日期。

使用 GROUP BY 子句按照分类和产品名称对数据进行分组，计算每组的产品销售数量之和，同时使用 MAX 函数获取各组的最后一次销售日期，将其作为 last_sale_date。

最后，使用 ORDER BY 子句按照分类名称和最后一次销售日期排序。

3．在现有的 SQL 语句中添加筛选条件

输入：

请为以下 SQL 语句添加筛选条件，仅显示在南京市居住且消费总额排名前 10 位的客户。

```
SELECT customer_name, SUM(order_total) AS total_spent
FROM orders
GROUP BY customer_name
ORDER BY total_spent DESC;
```

返回的 SQL 语句如下。

```
SELECT customer_name, SUM(order_total) AS total_spent
```

```
FROM orders
WHERE customer_city = '南京'
GROUP BY customer_name
HAVING total_spent > 0
ORDER BY total_spent DESC
LIMIT 10;
```

在返回的 SQL 语句中，添加了一个 WHERE 子句，以筛选居住在南京市的客户。customer_city 表示客户居住的城市，将其与"南京市"进行比较，以获取在南京市居住的客户。

使用 GROUP BY 子句按照 customer_name 进行分组，计算各客户的消费总额，并使用 SUM 函数对 order_total 列求和，将其作为 total_spent 的别名。

使用 HAVING 子句对分组后的数据进行筛选，仅保留消费总额大于 0 的客户数据。这是因为在某些情况下，可能存在消费总额为 0 的客户，应排除这些客户。

最后，使用 ORDER BY 子句按照消费总额的降序排列，并使用 LIMIT 关键字限制结果集的行数为 10，以显示消费总额排名前 10 位的客户。

4．提供数据库结构，生成查询

输入：

这是我的数据库结构：

```
CREATE TABLE customers (customer_id INT PRIMARY KEY,customer_name VARCHAR(50),
address VARCHAR(100),city VARCHAR(50),state VARCHAR(50),zip_code VARCHAR(10)
);
    CREATE TABLE orders (order_id INT PRIMARY KEY,order_date DATE,customer_id
INT,order_total DECIMAL(10,2),FOREIGN KEY (customer_id) REFERENCES customers
(customer_id)
    );CREATE TABLE order_details (order_id INT,product_name VARCHAR(50),quantity
INT,price DECIMAL(10,2),PRIMARY KEY (order_id, product_name),FOREIGN KEY
(order_id) REFERENCES orders (order_id));
```

编写 SQL 语句，检索所有订单中的客户名称、订单日期、产品名称和数量，显示订单总额大于$1,000 且在产品名称中包含单词"chair"的结果。

返回的 SQL 语句如下。

```
SELECT c.customer_name, o.order_date, od.product_name, od.quantity
FROM customers c
JOIN orders o ON c.customer_id = o.customer_id
JOIN order_details od ON o.order_id = od.order_id
WHERE o.order_total > 1000
AND LOWER(od.product_name) LIKE '%chair%'
```

在上述 SQL 语句中，使用了 3 个表：customers 表、orders 表和 order_details 表。使用 JOIN 关键字和相应的关联条件，将这 3 个表连接起来。

在 WHERE 子句中添加了两个条件，以进行筛选。第一个条件是 o.order_total > 1000，用于检索订单总额大于$1,000 的订单；第二个条件是 LOWER (od.product_name) LIKE '%chair%'，用于检索在产品名称中包含单词"chair"的订单。这里使用 LOWER()函数将产品名称转换为小写形式，并使用 LIKE 运算符进行模糊匹配，%表示通配符，可以匹配任意字符。

最后，选择需要显示的列，包括客户名称、订单日期、产品名称和数量，以获取所需的结果。

5．按日期范围过滤数据

输入：
显示 2022 年 1 月 1 日至 2022 年 3 月 1 日的所有订单。
返回的 SQL 语句如下。

```
SELECT *
FROM orders
WHERE order_date >= '2022-01-01' AND order_date < '2022-03-02';
```

在上述 SQL 语句中，使用了 orders 表，并在 WHERE 子句中添加了两个条件，以进行筛选。第一个条件是 order_date >= '2022-01-01'，表示订单日期为 2022 年 1 月 1 日及以后；第二个条件是 order_date < '2022-03-02'，表示订单日期为 2022 年 3 月 2 日以前。这样可以确保只检索 2022 年 1 月 1 日至 2022 年 3 月 1 日的订单。

通过使用上述 SQL 语句，可以从数据库中检索到符合日期范围要求的所有订单记录。可以进一步选择需要显示的列，并根据业务需求进行排序、分组等操作。

6. 更新数据

输入：

使用 SQL 语句更新分类为 electronics 的电子产品的价格，并将价格提高 10%。

返回 SQL 语句如下。

```
UPDATE products
SET price = price * 1.1
WHERE category = 'electronics';
```

在上述 SQL 语句中，使用了 products 表，并使用 UPDATE 语句来更新价格。SET 子句用于指定要更新的列和值，这里将价格列（price）的值乘以 1.1，即提高了 10%。WHERE 子句用于指定更新的条件，这里限定了产品分类（category）为 "electronics"。因此，只有符合这个条件的电子产品的价格才会被更新。

通过使用上述 SQL 语句可以方便地更新符合条件的电子产品的价格，使其提高 10%。在实际使用中，务必谨慎操作，确保更新操作符合业务需求和安全规范。建议在进行更新操作前备份数据库，并在生产环境中进行测试和验证。

7. 生成用于报表查询的 SQL 语句

输入：

请生成一条 SQL 语句，检索上个季度每类产品的总收入、订单数和平均订单价值，数据应按总收入降序排列，以在自定义报告中应用。

返回的 SQL 语句如下。

```
SELECT p.category AS product_category,
       SUM(o.order_total) AS total_revenue,
       COUNT(o.order_id) AS total_orders,
       AVG(o.order_total) AS average_order_value
```

```
FROM orders o

JOIN order_details od ON o.order_id = od.order_id

JOIN products p ON od.product_name = p.product_name

WHERE o.order_date >= DATE_SUB(CURDATE(), INTERVAL 1 QUARTER)

GROUP BY p.category

ORDER BY total_revenue DESC;
```

在上述 SQL 语句中，使用了 3 个表：orders、order_details 和 products。使用 JOIN 语句将这 3 个表连接起来。使用 SUM、COUNT 和 AVG 聚合函数计算总收入、订单数和平均订单价值，并使用 GROUP BY 子句将结果按产品类别（p.category）分组。还使用 WHERE 子句筛选上个季度（o.order_date >= DATE_SUB(CURDATE(), INTERVAL 1 QUARTER)）的订单数据。最后，使用 ORDER BY 子句按总收入（total_revenue）降序排列，以生成自定义报告所需要的结果集。

8. 解释 SQL 语句的功能

输入：

请使用通俗易懂的语言解释以下 SQL 语句的作用：

```
SELECT department_name, AVG(salary) AS avg_salary, COUNT(*) AS num_employees

FROM employees

JOIN departments ON employees.department_id = departments.department_id

GROUP BY department_name

HAVING AVG(salary) > 50000 AND COUNT(*) > 10

ORDER BY avg_salary DESC;
```

输出的解释内容如图 7-14 所示。

随着自然语言处理和深度学习技术的不断发展，基于 ChatGPT 的自然语言生成 SQL 语句的应用将在数据库领域发挥越来越重要的作用。通过将 ChatGPT 作为生成器，可以实现友好的数据库操作方式，为非专业用户提供更加便捷和灵活的数据库操作体验。然而，需要注意的是，生成的 SQL 语句应经过严格的验证和错误修正，以确保其准确性和安全性。未来，自然语言生成 SQL 语句的应用将进一步拓展和完善。

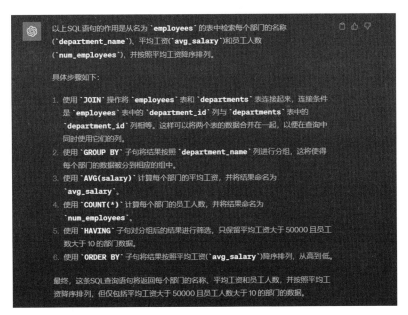

图 7-14　输出的解释内容

7.3　ChatGPT 在数据库设计中的应用

数据库设计是构建一个优秀的数据库系统的重要步骤，它涉及数据模型的选择、表结构的设计、关系的建立及索引的创建等。数据库设计可以确保数据库系统的性能和可维护性，使其满足业务需求。在数据库设计中，ChatGPT 作为一种强大的语言模型，可以提供有力的帮助，包括以下方面。

（1）数据模型选择。数据库的数据模型选择是数据库设计的基础，不同的数据模型适用于不同的场景。ChatGPT 可以根据业务需求和数据处理要求，生成合适的数据模型选择建议。例如，当需要设计一个在线商城的数据库时，ChatGPT 可以根据业务需求和数据处理要求，提出选择关系型数据库（如 MySQL 和 Oracle）或文档型数据库（如 MongoDB）的建议。

（2）表结构设计。数据库的表结构设计是数据库设计的核心，涉及表的字段定义、数据类型选择、主键和外键的设置、关联关系的建立等。ChatGPT

可以生成合适的表结构设计建议，包括字段命名、数据类型选择、主键和外键的设置等。例如，当需要设计一个用户管理系统的数据库表时，ChatGPT 建议创建一个名为"users"的表，包含的字段有 ID（作为主键）、用户名、密码、邮箱、电话等。

（3）关系建立。关系是数据库表之间的联系，通过建立关系可以实现数据的连接和查询。ChatGPT 可以生成合适的关系建议，包括一对一关系、一对多关系和多对多关系等。例如，在一个学校的数据库设计中，ChatGPT 建议在学生表和课程表之间建立多对多关系，通过中间表来记录该关系。

（4）索引创建。索引是在数据库中用于加速数据检索的数据结构，可以显著提高查询性能。ChatGPT 可以生成合适的索引创建建议，包括在哪些字段创建索引、使用何种类型的索引等。例如，当需要在一个订单管理系统中对订单表进行频繁的查询操作时，ChatGPT 可能建议在订单号和订单日期字段创建索引，以提高订单查询性能。

（5）提出数据库性能优化建议。数据库性能优化是数据库设计的重要环节，包括对数据库进行性能分析、识别潜在的性能瓶颈并提出优化建议。ChatGPT 可以通过分析数据库的查询性能、索引使用情况等信息，生成数据库性能优化建议，包括查询优化、索引优化、表结构优化等。例如，当数据库系统出现性能瓶颈时，ChatGPT 可以提供识别慢查询的建议，并建议对相应的查询功能进行优化，以提高整体性能。

（6）提出数据安全建议。数据安全是数据库设计的重要考虑因素，涉及数据的保密性、完整性和可用性。ChatGPT 可以提出数据安全建议，包括数据加密、用户权限设置、防止 SQL 注入等。例如，当设计一个含有敏感信息的数据库时，ChatGPT 建议采用加密存储敏感数据、限制用户权限、使用防火墙等安全措施，以保障数据安全。

（7）数据库文档生成。数据库文档是数据库设计和维护的重要辅助工具，可以帮助开发人员和维护人员更好地理解和操作数据库。ChatGPT 可以生成数据库文档建议，包括表结构、关系、索引、字段解释等。例如，当设计一个新的数据库系统时，ChatGPT 可以生成数据库文档模板，并填充表结构、字段解释等信息，为开发人员和维护人员提供参考。

下面是一些数据库设计示例。

1．数据库设计

良好的数据库设计对于保障数据库系统的性能至关重要。ChatGPT 可以根据需求生成数据库设计方案，包括表结构、关系定义、索引等方面。通过与 ChatGPT 交互，开发人员可以规划数据库的结构，确保数据库的高效性和稳定性。

例如，当需要设计一个新的数据库表时，可以与 ChatGPT 交互，描述表的字段和关系，ChatGPT 会生成相应的设计方案。

输入：

设计一个学生表，包含学生 ID、姓名、年龄、成绩等字段。

ChatGPT 生成的设计方案如下。

```
CREATE TABLE students (
    student_id INT PRIMARY KEY,
    name VARCHAR(50),
    age INT,
    grade FLOAT
);
```

2．数据库性能优化

数据库性能对于保障应用程序的响应速度和用户体验至关重要。ChatGPT 可以提出数据库性能优化建议，包括查询优化、索引优化、表结构优化等。通过与 ChatGPT 交互，开发人员可以获取数据库性能优化的建议，并据此提高系统的性能。

例如，当数据库查询性能较差时，可以与 ChatGPT 交互，描述查询需求和查询结果，并询问如何优化查询性能。ChatGPT 可以根据数据库的结构和查询需求，生成相应的优化建议。

输入：

优化查询 "SELECT * FROM orders WHERE order_date > '2022-01-01'"。

ChatGPT 生成的优化建议如下。

（1）在 order_date 列上创建索引，以加速对该列的条件查询。

（2）考虑使用 LIMIT 子句限制结果集的大小，以减少返回的数据量。

（3）考虑使用缓存技术，缓存查询结果，减少数据库的查询次数。

3. 数据库安全管理

保障数据库安全是数据库开发的重要方面，涉及用户认证、授权、数据加密、漏洞防护等。ChatGPT 可以提出数据库安全建议，包括安全策略、用户权限、数据加密等方面。通过与 ChatGPT 交互，开发人员可以获取数据库安全建议，据此进行安全管理，保障数据库的安全性。

例如，当需要设置数据库用户权限时，可以与 ChatGPT 交互，描述权限需求，ChatGPT 可以生成相应的安全建议。

输入：

授予用户 john 对 orders 表的查询权限。

ChatGPT 生成的安全建议如下。

```
GRANT SELECT ON orders TO john;
```

ChatGPT 作为一种强大的语言模型，在数据库设计过程中可以提供有力的帮助，包括数据模型选择、表结构设计、关系建立、索引创建、提出数据库性能优化建议、提出数据安全建议和数据库文档生成等，ChatGPT 可以为数据库设计提供全面的建议和优化方案。借助 ChatGPT 的智能生成能力，开发人员和数据库设计人员可以更好地设计高效、可靠、安全的数据库系统，从而提高应用程序的性能和可维护性。

总的来说，自然语言处理模型 ChatGPT 可以在数据库开发中提供有效的帮助和建议，帮助开发人员高效地开展数据库开发和管理工作。通过与 ChatGPT 交互，用户可以在数据库开发中获得许多优势。ChatGPT 可以生成 SQL 语句、数据库设计方案、性能优化建议和安全建议，从而提高数据库开发的效率和质量。然而，需要注意的是，ChatGPT 作为一种语言模型，具有一定的局限性，无法完全脱离人的数据库开发经验和专业知识，因此，在使用 ChatGPT 进行数据库开发时，需要综合考虑其生成的建议，并进行合理的验证和测试。同时，保护数据库的安全性和隐私也非常重要，需要遵循相应的安全管理原则和法律法规。综上所述，ChatGPT 作为一种强大的语言模型，可以为数据库开发提供有力的帮助，但仍需结合实际情况谨慎和合理地使用。

7.4　习题

1．填空题

在 SQL 中，用于删除表中数据的关键字是_____；用于在表中插入新数据的关键字是_____；用于更新表中数据的关键字是_____。

2．选择题

（1）在 SQL 语句中，SELECT 语句用于（　　　）。

A. 更新数据库中的数据

B. 删除数据库中的数据

C. 插入新数据到数据库

D. 从数据库中查询数据并返回结果

（2）在 SQL 语句中，ORDER BY 子句的作用是（　　　）。

A. 用于过滤查询结果

B. 用于连接多个表

C. 用于对查询结果进行排序

D. 用于修改表结构

（3）在 SQL 语句中，GROUP BY 子句的作用是（　　　）。

A. 用于过滤查询结果

B. 用于连接多个表

C. 用于对查询结果进行分组

D. 用于修改表结构

3. 简答题

（1）假设有一个表，名为 customers，包含字段 "customer_id" "customer_name" 和 "customer_email"，请写一条 SQL 语句以创建该表。

（2）假设有一个表，名为 orders，包含字段 "order_id" "customer_id" "product_name" 和 "order_date"，请写一条 SQL 语句以向该表插入一条订单记录，订单号为 101，客户 ID 为 1，产品名称为 "Example Product"，订单日期为 "2023-04-24"。

（3）假设有一个表，名为 products，包含字段 "product_id" "product_name" 和 "product_price"，请写一条 SQL 语句以更新产品 ID 为 1 的产品的价格为 99.99 元。

（4）假设有一个表，名为 customers，包含字段 "customer_id" "customer_name" 和 "customer_email"，请写一条 SQL 语句以删除客户 ID 为 5 的客户记录。

（5）假设有一个表，名为 orders，包含字段 "order_id" "customer_id" "product_name" 和 "order_date"，请写一条 SQL 语句以查询所有订单记录的订单号、客户 ID 和订单日期。

第 8 章

ChatGPT 和 3D 开发

本章介绍 ChatGPT 与 3D 开发应用的结合。当前，3D 开发成为许多应用领域的热门技术，如游戏开发、建筑设计、工业制造等。ChatGPT 作为一种强大的自然语言处理技术，可以与 3D 开发结合，为这些领域带来新的可能。

在现代社会，3D 开发会用到一些成熟的软件，如 Blender、Unity 等，本章深入探讨如何将 ChatGPT 应用于这些 3D 软件。利用这些软件和 ChatGPT 的强大能力，可以轻松创建多种多样的 3D 场景和角色，赋予角色较强的对话智能。本章介绍一些实际案例，以展示 ChatGPT 与 3D 开发的无限潜力。

让我们一起深入探索 ChatGPT 与 3D 开发的综合应用，打造更出色的应用体验吧！

学习重点

◎了解 3D 开发常用工具——Blender 和 Unity。

◎了解 3D 开发软件与 ChatGPT 集成的几种方式。

◎掌握 ChatGPT 与 3D 开发的综合应用。

8.1 开发工具准备

8.1.1 3D 建模软件——Blender

Blender 是一款开源的 3D 建模软件，Blender
的图标如图 8-1 所示。Blender 可用于创建各种 3D
模型、动画和场景。Blender 是免费的，具有丰富
的功能和易于使用的界面，是许多 3D 设计师和动
画制作人员的首选。

图 8-1 Blender 的图标

Blender 不仅可以用于创作游戏、电影和动画等娱乐内容，还可以在建
筑、工业设计和科学可视化等领域应用。Blender 支持多种 3D 建模技术，包
括多边形建模、曲面建模和体素建模等。此外，Blender 还支持材质和纹理编
辑、动画制作和渲染等。

Blender 的用户界面灵活多变，如图 8-2 所示，用户可以自定义各种快捷
键和设计布局，以提高工作效率。此外，Blender 还支持 Python 脚本，用户
可以使用 Python 编写自己的插件和脚本，以满足自己的特定需求。

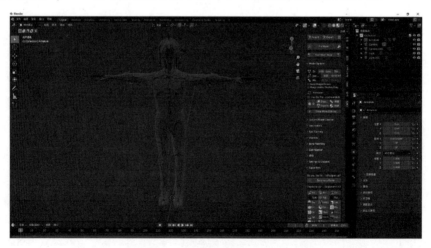

图 8-2 Blender 的用户界面

总的来说，Blender 是一款功能强大且免费的 3D 建模软件，非常适用于进行 ChatGPT 3D 开发。它是开源的且具有灵活的用户界面，为开发者提供了更大的自定义空间，具有较强的扩展性。

1. Blender 和 ChatGPT 的集成开发

Blender 是一个自由开源的 3D 建模软件，拥有大量用户和强大的社区支持。与 ChatGPT 结合，可以实现高度智能化的 3D 应用程序开发，为用户提供更好的体验。

在与 ChatGPT 集成开发时，Blender 可用于创建各种 3D 模型、动画和场景，同时使用 ChatGPT 实现自然语言交互和智能响应功能。例如，可以使用 Blender 创建一个虚拟场景，将 ChatGPT 模型导入该场景，并与场景中的对象进行交互。用户可以向场景中的对象提问，并获得智能响应。

Blender 和 ChatGPT 的集成可以通过多种方式实现，包括使用 Python 脚本和调用 API，Blender 自带的 Python 脚本开发页面如图 8-3 所示。开发人员可以使用 Blender 自带的 Python API 创建脚本和插件，从而实现更高级别的 ChatGPT 集成。另外，还有一些第三方插件可以使用，例如，可以使用 Blenderbot 插件将 ChatGPT 集成到 Blender 中，并使用自然语言与虚拟角色对话。

图 8-3　Blender 自带的 Python 脚本开发页面

综上所述，Blender 和 ChatGPT 的集成开发可以为开发人员提供强大的工具集，用于创建高度智能化的 3D 应用程序。

2. 下载并安装 Blender

可以按照以下步骤下载并安装 Blender。

（1）进入 Blender 官网。

（2）选择需要下载的 Blender 版本。如果使用的是 Windows 系统，则选择 Windows 版本；如果使用的是 MacOS 系统，则选择 MacOS 版本；如果使用的是 Linux 系统，则选择 Linux 版本。Blender 还提供了其他版本，如便携版、zip 版和 Windows Store 版，可以根据需要选择版本并下载。

如果不确定应该选择哪个版本，可以选择最新版本。在一般情况下，最新版本包含最新功能并修复了一些已知问题。可以在每个版本下面找到详细的说明，以了解各版本的新功能和改进情况。

（3）单击"下载"按钮，开始下载 Blender。

（4）在下载完成后，可以双击下载文件并按照提示完成安装。在安装过程中，可以根据需要选择 Blender 的安装位置并添加快捷方式。

（5）在安装完成后，双击 Blender 的快捷方式打开软件，即可开始使用 Blender。

注意，在安装 Blender 之前，需要确保计算机符合最低系统要求。这些要求包括至少 4GB 的 RAM、支持 OpenGL 3.3 或更高版本的显卡及 2GHz 或更高的处理器等。如果计算机不符合这些要求，Blender 可能无法正常运行或运行缓慢。

8.1.2　游戏开发引擎——Unity

Unity 是一款跨平台的游戏开发引擎，可以用于开发 2D 和 3D 游戏及其他交互式内容。Unity 引擎基于 C#编程语言，拥有强大的编辑器和工具，适合独立游戏开发者和大型开发团队。Unity 的图标如图 8-4 所示。

Unity 具有很强的可扩展性和可定义性，开发者可以使用 Unity Asset Store 上的插件和资源来

图 8-4　Unity 的图标

扩展其功能和加速开发流程。Unity 引擎还支持多种平台，包括 Windows、Mac、Linux、iOS、Android、Xbox、PlayStation 等，使开发者可以轻松创建跨平台游戏和应用程序。Unity 软件界面如图 8-5 所示。

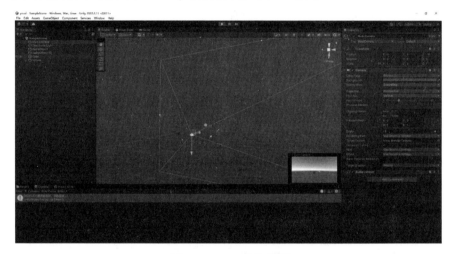

图 8-5　Unity 软件界面

Unity 引擎是一个完整的开发工具包，提供了可视化的编辑器和编程环境，包括场景编辑器、物体编辑器、动画编辑器和粒子系统等。此外，Unity 还提供了许多辅助开发的工具和技术，如物理模拟、音频引擎、特效系统和网络模块等。

总之，Unity 是一款功能强大且易于使用的游戏引擎，为开发者提供了完整的工具和资源，使用户可以更快地开发高质量的游戏和应用程序。

1. Unity 和 ChatGPT 的集成开发

Unity 可以用于创建各种游戏和应用程序，包括 3D 游戏、2D 游戏、虚

拟现实应用程序等。Unity 提供了强大的工具和资源，让开发者能够轻松创建高质量的游戏和应用程序。

在与 ChatGPT 集成开发时，Unity 可以为开发者提供一种全新的交互方式，让玩家和游戏角色的对话更加自然和智能。ChatGPT 可以用于创建虚拟角色的语音和文本对话系统，使得玩家可以与游戏中的角色进行真实和深入的交互。

在集成 ChatGPT 之前，开发者需要了解 Unity 的基本开发环境和相关工具。在使用 Unity 进行 3D 开发时，常用的工具如下。

（1）Unity 编辑器：用于创建和编辑场景、对象和脚本等。

（2）C#脚本：用于编写游戏逻辑和交互脚本。

（3）Unity Asset Store：用于获取各种资源和插件，包括 3D 模型、贴图、音频文件等。

Unity 和 ChatGPT 的集成可以通过使用插件或调用 API 实现。通过使用插件，开发者可以将 ChatGPT 的 SDK 集成到 Unity 中；通过调用 API，可以实现对话交互功能。此外，ChatGPT 还提供了一些现成的插件和资源，可以帮助开发者更快地集成 ChatGPT 和 Unity。Unity 中的代码显示界面如图 8-6 所示。

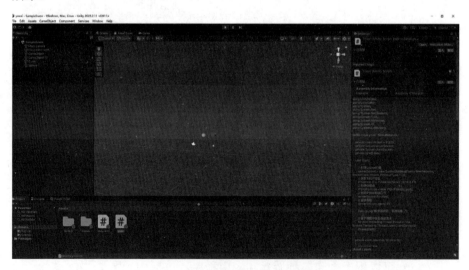

图 8-6　Unity 中的代码显示界面

在进行 3D 开发时，开发者需要了解基本的 3D 模型制作技术和场景布局技术，以便将 ChatGPT 集成到游戏中，并实现对话交互功能。同时，开发者还需要熟悉 Unity 中的语音识别和自然语言处理技术，以便更好地利用 ChatGPT 进行开发。

2. 下载并安装 Unity

可以选择通过 Unity Hub 进行安装 Unity，也可以直接下载 Unity 的安装程序进行安装。

Unity Hub 是一个用于管理 Unity 项目和安装 Unity 的工具。使用 Unity Hub 可以方便地管理多个 Unity 版本，并快速创建和打开 Unity 项目。

安装 Unity 的步骤如下。

（1）访问 Unity 官网。

（2）可以选择下载 Unity Hub，也可以直接下载 Unity 的安装程序。

（3）如果选择下载 Unity Hub，则需安装并运行 Unity Hub。在 Unity Hub 中，可以找到不同版本的 Unity，选择其中一个版本进行安装。如果之前已经安装过 Unity，也可以在 Unity Hub 中找到并管理它们。

（4）如果选择下载 Unity 的安装程序，则需要选择要安装的 Unity 版本，并在安装期间选择所需要的组件。安装程序会自动安装 Unity 和所选组件。

无论选择哪种安装方式，都需要耐心等待安装过程完成，在安装完成后即可开始使用 Unity 进行开发。

8.2　ChatGPT 的集成方式

8.2.1　对话交互协同开发

在 Blender 和 Unity 中集成 ChatGPT，可以利用 ChatGPT 中的对话交互功能实现更加智能化的开发。对话交互的基本流程如下：用户在 ChatGPT 中提出问题，ChatGPT 通过模型学习和理解用户的意图，并给出相应的回答，这个回答可以直接在 Blender 和 Unity 中应用。

在这个流程中，关键环节是使 ChatGPT 理解并正确回答用户的问题。为了达到这个目的，需要注意以下几点。

（1）问题要明确：用户的问题要尽可能清晰明确，以便 ChatGPT 能够准确理解用户的意图，并给出正确的回答。

（2）知识库要完善：ChatGPT 的回答基于其对知识库的学习和理解，因此，知识库的完善程度直接影响 ChatGPT 的回答质量。对于开发者来说，可以将相关的开发文档、问题集等资源整理成知识库，以供 ChatGPT 学习和参考。

（3）对回答的应用要规范：ChatGPT 给出的回答需要按照规范的格式和方式应用于 Blender 和 Unity，以保证程序的稳定性和可维护性。

1. 如何应用 ChatGPT 的回答

以下是一些提问和回答示例。

提问 1：如何在 Unity 中创建一个新的游戏对象？

回答 1：

你可以使用以下代码在 Unity 中创建一个新的游戏对象：

（java）。

```java
GameObject newObject = new GameObject("New Object");
```

提问 2：如何在 Blender 中创建一个新的立方体？

回答 2：

你可以按照以下步骤在 Blender 中创建一个新的立方体：

单击左侧工具栏中的 "Add" 按钮。

选择 "Mesh" → "Cube"。

立方体将被添加到场景中。

提问 3：如何在 Unity 中将一个游戏对象旋转 90 度？

回答 3：

你可以使用以下代码在 Unity 中将一个游戏对象旋转 90 度：

（java）。

```
GameObject targetObject = GameObject.Find("Target Object");
targetObject.transform.Rotate(new Vector3(0,90,0));
```

提问 4：如何在 Blender 中将一个对象的材质颜色改为红色？

回答 4：

你可以按照以下步骤在 Blender 中将一个对象的材质颜色改为红色：

选择要更改的对象。

进入"Material Properties"面板。

单击"New"按钮创建一个新的材质。

将新材质的颜色设置为红色。

2. 关于有效提问的一些探讨

在与 ChatGPT 进行对话交互时，问题的质量直接影响回答的质量和实用性。因此，需要探讨一些有效的提问方式，以获得更好的回答。

（1）提出清晰的问题。

提出清晰的问题是获得有用回答的关键。问题需要明确、简明扼要，这样 ChatGPT 才能够理解用户的意图并给出相应的回答。

例如，如果想知道如何在 Unity 中创建一个新场景，可以这样提问："如何在 Unity 中创建新场景"。这个问题清晰明了，可以使 ChatGPT 知道用户需要了解的是关于 Unity 场景创建的信息。

（2）使用具体且清晰的语言提问，避免使用模糊、抽象或不相关的术语。

例如，"如何创建 3D 模型"比"我应该如何制作东西"更清晰明了，能够得到更具体和有针对性的回答。

（3）避免提出过于简单、过于宽泛或已有明确答案的问题。

例如，"我应该从哪里开始学习 Unity"等问题通常可以找到很多资源和指南提供的答案。应该尝试提出更具体和深入的问题。例如，"如何在 Unity 中实现动态阴影"或"如何使用 C#脚本在 Unity 中创建自定义着色器"等问题更具体和深入，能够更好地引导 ChatGPT 提供有价值的回答。

3. 对话交互协同开发的具体案例

案例：在 Blender 中创建一个自带纹理的球体。

提问：如何在 Blender 中创建一个自带纹理的球体？

回答：

步骤：

打开 Blender，创建一个新的 3D 场景。

在 3D 视图窗口中，删除默认的立方体物体：选择立方体，单击"X"按钮，选择"删除"。

单击左侧菜单栏中的"Add"（添加）按钮，在弹出的菜单中选择"Mesh"（网格），再选择"UV Sphere"（UV 球体）。

在右侧属性窗口中，可以更改球体的半径、分段和环数等参数，根据需要进行调整。

在底部的"Shader Editor"（着色器编辑器）窗口中，打开材质属性。

单击"New"按钮创建一个新的材质。

在"Shader Editor"窗口中，将节点类型由"Principled BSDF"（标准 BSDF）改为"Image Texture"（图像纹理）。

在属性窗口中，单击"Open"按钮，选择你想要使用的自带纹理文件，例如"clouds.png"。

将"Image Texture"节点的"Vector"属性改为"UV"，以便正确映射纹理。

将"Image Texture"节点的"Color"属性连接到"Base Color"输入。

将"UV Sphere"对象的材质改为刚刚创建的材质。

```python
import bpy

#删除默认的立方体物体
bpy.ops.object.delete(use_global=False)
```

```
#添加球体
bpy.ops.mesh.primitive_uv_sphere_add(radius=1, enter_editmode=False, location=(0, 0, 0))

#获取当前选中的对象和材质
obj = bpy.context.selected_objects[0]
mat = obj.active_material

#创建一个新的节点树
nodes = mat.node_tree.nodes
links = mat.node_tree.links

#删除默认的 Principled BSDF 节点
nodes.remove(nodes.get('Principled BSDF'))

#添加 Image Texture 节点
texture_node = nodes.new(type='ShaderNodeTexImage')
texture_node.image = bpy.data.images['clouds.png']

#将 Image Texture 节点的 Color 属性连接到球体材质的 Base Color 输入
base_color_node = nodes.get('Diffuse BSDF')
links.new(texture_node.outputs['Color'], base_color_node.inputs['Color'])
```

这段 Python 代码将自动执行上述步骤，并将"clouds.png"应用为球体的纹理。请注意，在运行代码之前，请确保"clouds.png"纹理文件已经被添加到 Blender 中。

提问：如何在 Blender 中应用这段代码？

回答：

要在 Blender 中应用这段 Python 代码，可以按照以下步骤操作：

打开 Blender，创建一个新的 3D 场景。

单击左下角的"Scripting"按钮，打开脚本编辑器。

在脚本编辑器中，创建一个新的脚本文件，将上述 Python 代码复制粘贴进去。

单击"Run Script"按钮运行脚本，此时场景中应该出现了一个带有纹理的球体。

如果要修改这个球体，可以选中它并在属性面板中进行相应的调整。如果想应用其他自带的纹理文件，可以在 Texture 模块中选择不同的贴图。

8.2.2　插件集成

1. Unity 和 Blender 与 ChatGPT 的插件集成

Unity 和 Blender 作为游戏和建模领域非常流行的软件，与 ChatGPT 集成可以为用户提供更便利和高效的工作流程及更好的创作体验。插件是实现集成的主要方式之一。

在 Unity 中，可以通过编写 C#脚本实现对 ChatGPT 的调用，并将其集成到 Unity 中。可以将 Unity 中的插件分为两种：一种是基于.NET 平台的插件；另一种是基于 C/C++的插件。基于.NET 平台的插件通常使用 Unity 自带的.NET 进行编写，而基于 C/C++的插件需要使用外部库进行编写。例如，通过编写 C#脚本来调用 ChatGPT 的 API，并将其集成到 Unity 中作为插件，这样用户就可以在 Unity 中直接使用 ChatGPT 的功能了。

在 Blender 中，可以使用 Python 编写插件，以实现对 ChatGPT 的调用，并将其集成到 Blender 中。可以将 Blender 中的插件分为两种：一种是基于 Python 的插件；另一种是基于 C/C++的插件。基于 Python 的插件通常使用 Blender 自带的 Python API 进行编写，而基于 C/C++的插件需要使用外部库进行编写。例如，通过编写 Python 脚本来调用 ChatGPT 的 API，并将其集成到 Blender 中作为插件，这样用户就可以在 Blender 中直接使用 ChatGPT 的功能了。

插件集成的好处是可以将 ChatGPT 的功能与其他软件无缝集成，从而提高工作效率和增强创作体验。例如，在 Unity 中使用 ChatGPT 插件可以在游戏中实现自然语言交互，在 Blender 中使用 ChatGPT 插件可以使建模更便捷。可以根据具体需求和软件特点来选择插件，可以是基于.NET 平台的插件，也可以是基于 Python 的插件，还可以是其他形式的插件。

总之，插件集成是 Unity 和 Blender 与 ChatGPT 集成的主要方式之一，可以为用户提供更便利和高效的工作流程及更好的创作体验。

2. 具体案例

在 Blender 中用 Python 语言编写一个插件，下面给出具体过程。

提问：请帮我写一个 bpy 插件的程序，要求达到以下效果：在 n 面板的上方能够选择要添加的物体，能够添加立方体、球体、圆柱体、圆锥体 4 种类型的物体，在 n 面板的下方能够选择要添加的物体的大小，n 面板的最下方是"添加"按钮，在单击"添加"按钮后，会在 Blengder 中添加相应的物体。

回答：

下面是符合要求的完整代码：

```python
import bpy

#定义一个操作类，用于添加原始物体
class OBJECT_OT_add_primitive(bpy.types.Operator):
    """Add a primitive object"""   #操作的简要说明
    bl_idname = "mesh.add_primitive"   #操作的 ID
    bl_label = "Add Primitive"   #操作的标签名称
    bl_options = {'REGISTER', 'UNDO'}   #操作的选项

    #定义一个枚举属性，用于选择添加哪种类型的原始物体
    object_type: bpy.props.EnumProperty(
        items=[('CUBE', "Cube", "Add a cube"),   #选项 1：添加立方体
               ('SPHERE', "Sphere", "Add a sphere"),   #选项 2：添加球体
               ('CYLINDER', "Cylinder", "Add a cylinder"),   #选项 3：添加圆柱体
               ('CONE', "Cone", "Add a cone")],   #选项 4：添加圆锥体
        name="Object Type"
    )
```

```
#定义一个浮点属性，用于控制原始物体的大小
object_scale: bpy.props.FloatProperty(
    name="Object Scale",  #属性的名称
    default=1.0,  #属性的默认值
    min=0.1,  #属性的最小值
    max=10.0  #属性的最大值
)

#执行操作的方法
def execute(self, context):
    if self.object_type == 'CUBE':  #如果选择的是立方体
        bpy.ops.mesh.primitive_cube_add(size=self.object_scale)  #添加一个立
        方体
    elif self.object_type == 'SPHERE':  #如果选择的是球体
        bpy.ops.mesh.primitive_uv_sphere_add(size=self.object_scale)  #添加一
        个球体
    elif self.object_type == 'CYLINDER':  #如果选择的是圆柱体
        bpy.ops.mesh.primitive_cylinder_add(radius=self.object_scale,
depth=self.object_scale*2)  #添加一个圆柱体
    elif self.object_type == 'CONE':  #如果选择的是圆锥体
        bpy.ops.mesh.primitive_cone_add(radius1=self.object_scale,
depth=self.object_scale*2)  #添加一个圆锥体
    return {'FINISHED'}  #返回操作完成的标记

#定义一个面板类，用于在 3D 视图中添加原始物体
class OBJECT_PT_add_primitive_panel(bpy.types.Panel):
    """Creates a Panel in the Object properties window"""  #面板的简要说明
    bl_label = "Add Primitive"  #面板的标签名称
    bl_idname = "OBJECT_PT_add_primitive_panel"  #面板的 ID
    bl_space_type = 'VIEW_3D'  #面板所在的区域类型
    bl_region_type = 'UI'  #面板所在的区域类型
```

```
        bl_category = "Add Primitive"    #面板所在的类别名称

def register():
    #注册新建的操作符和面板类
    bpy.utils.register_class(OBJECT_OT_add_primitive)
    bpy.utils.register_class(OBJECT_PT_add_primitive_panel)

    #为场景添加自定义属性：object_type 和 object_scale
    bpy.types.Scene.object_type = bpy.props.StringProperty(
        name="Object Type",    #属性名
        default='CUBE'    #默认值为 CUBE
    )
    bpy.types.Scene.object_scale = bpy.props.FloatProperty(
        name="Object Scale",    #属性名
        default=1.0,    #默认值为 1.0
        min=0.1,    #最小值为 0.1
        max=10.0    #最大值为 10.0
    )

def unregister():
    #注销新建的操作符和面板类
    bpy.utils.unregister_class(OBJECT_OT_add_primitive)
    bpy.utils.unregister_class(OBJECT_PT_add_primitive_panel)

    #删除场景的自定义属性：object_type 和 object_scale
    del bpy.types.Scene.object_type
    del bpy.types.Scene.object_scale

if __name__ == "__main__":
    register()
```

运行代码后，在 3D 视图中按[N]键，可以看到添加 Primitive 的面板，通过选择物体类型并更改大小，单击"添加"按钮即可添加对应的物体。

提问：这段程序运行后有两个问题，第一个问题是不能选择物体类型，显示的是一个输入框，而我需要的是一个选择框，能够在立方体、球体、圆柱体、圆锥体中进行选择；第二个问题是在下方的物体缩放系数变化后，添加的物体大小没有任何变化，说明这个物体缩放没有生效。

回答：

非常抱歉，程序存在问题，我会改进程序并将完整代码提供给你。

以下是修改后的程序，可以在 N 面板中选择添加的物体类型，修改物体缩放系数并成功添加对应物体。

```python
bl_info = {
    "name": "Add Object",    #插件的名称
    "blender": (2, 80, 0),    #插件支持的 Blender 版本
    "category": "Object",    #插件所属的分类
}

import bpy

class AddObjectPanel(bpy.types.Panel):
    bl_idname = "OBJECT_PT_add_object"    #面板的 ID
    bl_label = "Add Object"    #面板的名称
    bl_space_type = "VIEW_3D"    #面板所属的空间类型
    bl_region_type = "UI"    #面板所属的区域类型
    bl_category = "Add Object"    #面板所属的分类名称

    def draw(self, context):
        layout = self.layout

        #添加一个下拉菜单，用于选择添加的对象类型
```

```
        row = layout.row()
        row.label(text="Select object type:")
        row = layout.row()
        row.prop(context.scene, "object_type", expand=True)

        #添加一个滑块，用于选择添加的对象大小
        row = layout.row()
        row.label(text="Object Scale:")
        row = layout.row()
        row.prop(context.scene, "object_scale")

        #添加一个按钮，用于添加对象
        row = layout.row()
        row.operator("object.add_object", text="Add Object")

class OBJECT_OT_add_object(bpy.types.Operator):
    bl_idname = "object.add_object"    #运算符的 ID
    bl_label = "Add Object"    #运算符的名称
    bl_description = "Add selected object to the scene"    #运算符的描述

    def execute(self, context):
        #根据下拉菜单的选择，添加不同类型的对象
        if context.scene.object_type == 'CUBE':
            bpy.ops.mesh.primitive_cube_add(size=context.scene.object_scale)
        elif context.scene.object_type == 'SPHERE':

bpy.ops.mesh.primitive_uv_sphere_add(radius=context.scene.object_scale)
        elif context.scene.object_type == 'CYLINDER':
            bpy.ops.mesh.primitive_cylinder_add(radius=context.scene.object_scale,
depth=context.scene.object_scale*2)
        elif context.scene.object_type == 'CONE':
            bpy.ops.mesh.primitive_cone_add(radius1=0,
```

```
            radius2=context.scene.object_scale, depth=context.scene.object_scale*2)
                    return {'FINISHED'}   #返回运算符执行完毕的信号


    def register():
            #注册自定义的面板和操作类
            bpy.utils.register_class(AddObjectPanel)
            bpy.utils.register_class(OBJECT_OT_add_object)


            #在场景（Scene）属性中添加 object_type 属性，类型为 EnumProperty，用于选
    择要添加的对象类型
            bpy.types.Scene.object_type = bpy.props.EnumProperty(
                items=[('CUBE', 'Cube', 'Add a cube object'),
                        ('SPHERE', 'Sphere', 'Add a sphere object'),
                        ('CYLINDER', 'Cylinder', 'Add a cylinder object'),
                        ('CONE', 'Cone', 'Add a cone object')],
                default='CUBE',
                description='Select object to add')


            #在场景（Scene）属性中添加 object_scale 属性，类型为 FloatProperty，用于设
    置要添加的对象的缩放比例
            bpy.types.Scene.object_scale = bpy.props.FloatProperty(
                name="Object Scale",
                default=1.0,
                description="Scale of the object"
            )


    def unregister():
            #注销自定义的面板和操作类
            bpy.utils.unregister_class(AddObjectPanel)
            bpy.utils.unregister_class(OBJECT_OT_add_object)


            #删除场景（Scene）属性中的 object_type 属性
```

```
    del bpy.types.Scene.object_type

    #删除场景（Scene）属性中的 object_scale 属性
    del bpy.types.Scene.object_scale


if __name__ == "__main__":
    #如果这个文件是被当作脚本执行的，则调用 register() 函数
    register()
```

请将代码复制到 Blender 的文本编辑器中并运行，然后在 3D 视图中按[N]键打开 N 面板，可以在"Add Object"类别下找到插件。在下拉菜单中选择物体类型，并使用滑块设置缩放大小，最后单击"Add Object"按钮，即可在场景中添加所选对象。

重新打开软件，将代码粘贴进去并运行。

回到 Layout 页面，按[N]键打开 N 面板，选择"Add Primitive"选项卡，可以看到出现了一个新页面，如图 8-7 所示。

图 8-7　N 面板的新页面

可以选择物体类型，然后改变物体缩放系数，再单击下方的"添加物体"按钮，即可在主页面显示所需要的物体。

新建插件的最终效果如图 8-8 所示。

这样的 bpy 插件，只能在本次打开 Blender 时使用，如果想一直使用，可以在编辑—偏好设置—插件—安装目录下选择相应的 py 文件，单击"安装"按钮，这样在每次打开 Blender 时，都能使用该插件。

图 8-8　新建插件的最终效果

3. 对插件集成的展望

未来的插件集成会更加深入、更加高效。Blender 和 Unity 作为游戏和建模领域非常流行的软件，对于 ChatGPT 的插件集成来说非常重要。未来，随着 ChatGPT 算法的发展和应用场景的扩展，会出现更多基于 ChatGPT 的应用程序，这些应用程序也需要与 Blender 和 Unity 深度集成，从而更好地服务用户。

未来，Blender 和 Unity 的插件集成会更加智能化和具有更强的自适应性。插件会分析和学习用户的使用习惯，从而更好地为用户提供服务。例如，在 Blender 中，ChatGPT 插件将能够根据用户的使用情况，智能推荐相应的操作，从而更加高效地完成任务。在 Unity 中，ChatGPT 插件将会自动化生成代码和场景，从而更加快速地完成开发。

未来，插件集成还会涉及更多技术，如深度学习、计算机视觉和自然语言处理等技术。在这些技术的支持下，插件集成能够更好地理解用户的意图和需求，从而更加准确地提供服务。

总之，插件集成将更加智能化、多样化和具有更强的自适应性，从而更好地服务于用户。Blender 和 Unity 将与 ChatGPT 插件进行更加深入的集成，从而为用户带来更好的使用体验。

8.2.3　API 调用

1. API 调用的方式

Blender 和 Unity 都支持使用 Python 脚本调用外部 API 接口，因此可以由 ChatGPT 的 API 辅助建模或游戏创作。

在 Blender 中，可以使用 Python 脚本编写插件，通过插件调用 ChatGPT 的 API，以生成建模的灵感或生成对话内容等。同时，也可以使用插件来扩展 Blender 的功能，如添加新的建模工具、使建模过程自动化等。

在 Unity 中，可以使用 C#脚本来调用 ChatGPT 的 API，以生成游戏中的对话内容、随机关卡等。同时，也可以使用脚本来扩展 Unity 的功能，如添加新的玩法、自动生成游戏内容等。

总之，通过调用 ChatGPT 的 API，可以在 Blender 或 Unity 中实现更加智能的建模或游戏创作方式，提高工作效率和优化创作效果。

2. 具体案例

在 Unity 中调用 ChatGPT 的 API，以进行对话，下面给出具体过程。

提问：我需要在 Unity 中调用 GPT-3 进行对话，并通过单击按钮来发送对话，请给出具体的做法，先不要写出 C#脚本，可以用 ChatBot.cs 代替。

回答：

好的，以下是在 Unity 中调用 GPT-3 进行对话并在单击按钮时发送对话的一般步骤，以及一个用于处理 API 请求和响应的 ChatBot.cs 示例脚本：

注册 OpenAI 账户，获取 API 密钥和模型 ID。

在 Unity 中创建一个 Canvas，并添加一个 Panel，以便在 Canvas 上放置 UI 元素。

在 Panel 上添加一个 Text UI 元素，用于显示对话。

在 Panel 上添加一个 InputField UI 元素，用于输入对话。

在 Panel 上添加一个 Button UI 元素，用于发送对话。

在 Unity 中创建一个 C#脚本（如 ChatBot.cs），以处理 API 请求和响应，并将其附加到 Canvas 上。

在脚本中使用 Unity 的 UI 功能（如 Button.onClick.AddListener）来监听按钮的单击事件，并在单击时调用发送对话的方法。

在发送对话的方法中，使用 Unity 的网络请求功能（例如 UnityWebRequest）向 OpenAI API 发送请求，并将 API 密钥、模型 ID 和对话文本作为参数进行传递。

在收到响应后，您可以将生成的文本添加到 Text UI 元素中，以显示对话。

以下是一个 ChatBot.cs 示例脚本，它演示了如何使用 Unity 的 UI 功能与 OpenAI API 进行对话，并在单击按钮时发送对话：

```csharp
using System.Collections;
using System.Collections.Generic;
using UnityEngine;
using UnityEngine.Networking;
using UnityEngine.UI;

public class ChatBot : MonoBehaviour
{
    #API key
    [SerializeField] private string m_OpenAI_Key = "YOUR_API_KEY_HERE";

    #定义 Chat API 的 URL
    private string m_ApiUrl = "请输入 OpenAI ChatCompletion 接口";

    #配置参数
    [SerializeField] private PostData m_PostDataSetting;

    #输入的信息
    [SerializeField] private InputField m_InputWord;
```

```csharp
#聊天文本放置的层
[SerializeField] private RectTransform m_rootTrans;

#回复的聊天气泡
[SerializeField] private ChatPrefab m_RobotChatPrefab;

#滚动条
[SerializeField] private ScrollRect m_ScroTectObject;

#按钮
[SerializeField] private Button m_SendButton;

void Start()
{
    #添加单击事件
    m_SendButton.onClick.AddListener(SendData);
}

#发送信息
public void SendData()
{
    if (m_InputWord.text.Equals(""))
        return;

    string _msg = m_InputWord.text;
    StartCoroutine(GetPostData(_msg, CallBack));
    m_InputWord.text = "";
}

#AI 回复的信息
private void CallBack(string _callback)
```

```
        {
            _callback = _callback.Trim();
            ChatPrefab _chat = Instantiate(m_RobotChatPrefab, m_rootTrans.transform);
            _chat.SetText(_callback);
            #重新计算容器尺寸
            LayoutRebuilder.ForceRebuildLayoutImmediate(m_rootTrans);

            StartCoroutine(TurnToLastLine());
        }


        private
```

提问：请在这段程序的基础上加上在单击按钮时发送问题的功能。

回答：

好的，可以在 Unity 的 UI 面板上创建一个按钮，然后将该按钮拖曳到 ChatBot 脚本中的 OnSendButtonClicked 方法上，这样当单击按钮时，该方法就会被调用。

以下是修改后的代码：

```
using System.Collections;
using UnityEngine;
using UnityEngine.Networking;
using UnityEngine.UI;

public class ChatBot : MonoBehaviour
{
    [SerializeField] private string apiKey = "填写你的 Key"; # OpenAI API 密钥
    [SerializeField] private string apiUrl = "填写你的 API"; # OpenAI API 地址
    [SerializeField] private string model = "text-davinci-003"; #模型类型
    [SerializeField] private string prompt = "你好"; #提示语句
    [SerializeField] private InputField inputField; #输入框
```

```
[SerializeField] private Text responseText; #响应文本
[SerializeField] private Button sendButton; #Button

private void Start()
{
    #给按钮绑定单击事件
    sendButton.onClick.AddListener(OnSendButtonClicked);
}

public void OnSendButtonClicked()
{
    if (inputField.text.Equals(""))
    {
        return;
    }

    StartCoroutine(PostRequest());
}

private IEnumerator PostRequest()
{
    string requestData = "{\"prompt\": \"" + prompt + inputField.text + "\", \"model\": \"" + model + "\", \"temperature\": 0.5, \"max_tokens\": 64}"; #请求数据
    #将请求数据转换为字节数组
    byte[] requestDataBytes = System.Text.Encoding.UTF8.GetBytes(requestData);
    #发送 POST 请求
    UnityWebRequest request = new UnityWebRequest(apiUrl, "POST");
    #将请求数据作为上传数据
    request.uploadHandler = (UploadHandler)new UploadHandlerRaw (requestDataBytes);
    #将响应数据保存在缓冲区
    request.downloadHandler = (DownloadHandler)new DownloadHandlerBuffer();
    #设置请求头的 Content-Type 为 application/json
```

```
        request.SetRequestHeader("Content-Type", "application/json");
        #设置请求头的 Authorization 为 Bearer+空格+API 密钥
        request.SetRequestHeader("Authorization", "Bearer " + apiKey);

        yield return request.SendWebRequest(); #发送请求并等待响应

        if (request.result == UnityWebRequest.Result.Success) #如果请求成功
        {
            string response = request.downloadHandler.text; #获取响应文本
            #将响应文本转换为 OpenAIResponse 对象
            var responseObject = JsonUtility.FromJson<OpenAIResponse>(response);
            #在响应文本框中添加 OpenAI 的回答
            responseText.text += "\n" + responseObject.choices[0].text;
        }
        else #如果请求失败
        {
            Debug.Log(request.error); #输出错误信息到控制台
        }
    }
}


    [System.Serializable] #将类序列化，以便进行 JSON 解析
public class Choice
{
    public float temperature; #温度值
    public int index; #索引值
    public float logprobs; #对数概率值
    public float finish_reason; #完成原因
    public string text; #文本内容
}

[System.Serializable] #将类序列化，以便进行 JSON 解析
```

```
public class OpenAIResponse
{
    public string id; #请求 ID
    public string object_type; #对象类型
    public float created; #创建时间戳
    public string model; #模型名称
    public string prompt; #输入的提示文本
    public string created_models; #创建的模型列表
    public Choice[] choices; #选择项列表
}
```

这样就可以在 Unity 中的按钮单击事件中调用 PostRequest 方法并发送输入框中的内容了。

根据上面给出的步骤，把这段代码复制到 ChatBot.cs 文件中，并添加相应的 Text、Button、InputField 控件，将这些控件绑定，然后用鼠标拖动以适当调整位置，改变大小，可以得到添加 Text、Button、InputField 控件后的效果，如图 8-9 所示。

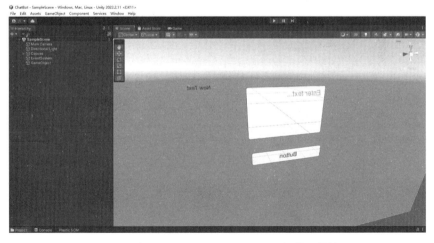

图 8-9　添加 Text、Button、InputField 控件后的效果

单击上方的"Play"按钮运行 Game（如图 8-10 所示），就可以在 Unity 中调用 ChatGPT 并与其对话了，ChatGPT 的回答如图 8-11 所示。

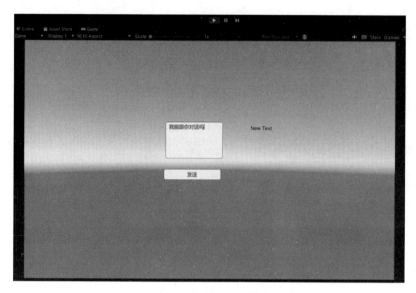

图 8-10　单击上方的"Play"按钮运行 Game

图 8-11　ChatGPT 的回答

8.3　利用 ChatGPT 开发游戏模型

8.3.1　利用 ChatGPT 开发游戏模型的方式

本节介绍如何利用 ChatGPT 开发游戏模型，以实现智能、高效和自动化的游戏模型建立。这种应用模式允许开发者使用自己熟悉的编程语言和界面来创建应用程序，该应用程序可以调用 ChatGPT 进行对话，并将 ChatGPT 的回答转换为游戏模型代码。

下面是利用 ChatGPT 开发游戏模型的基本流程。

使用自己熟悉的编程语言和界面创建一个应用程序，如使用 Python 编写一个带有使用界面的应用程序。

在应用程序中，使用 ChatGPT 技术处理用户输入，并将 ChatGPT 的回答转换为游戏模型代码。具体流程如下。

（1）应用程序从用户处获取输入，可以是语音输入或文本输入。

（2）应用程序使用 ChatGPT 技术将输入转换为所需要的模型代码，如 Unity 代码。

（3）应用程序将转换后的模型代码发给游戏引擎，以实现游戏模型建立。

在游戏引擎中，开发者可以进一步处理模型代码，以满足用户的需求。

开发者可以充分利用 ChatGPT 的优势，实现更加智能和自动化的游戏模型建立。此外，开发者还可以根据实际情况，对应用程序和游戏引擎进行优化，以提高应用程序和游戏引擎的性能和运行效率。

8.3.2 简单的开发案例

下面用一个简单的开发案例介绍如何利用 ChatGPT 开发简单的游戏模型，思路如图 8-12 所示。

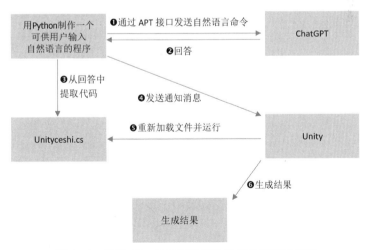

图 8-12　利用 ChatGPT 开发简单的游戏模型的思路

1. 开发过程

用 Python 制作一个可供用户输入自然语言的程序。

提问：请用 Python 制作一个程序，运行后生成一个 exe 文件，上面有一个按钮，单击该按钮后能与 Unity 连接，还有一个文本框，能够输入文字，在单击"发送"按钮后，能把文字发给 Unity。

回答：

好的，我理解了你的需求。以下是你需要的程序：

```python
import tkinter as tk    #导入 tkinter 模块，用于创建 GUI 程序
import socket    #导入 Socket 模块，用于创建 TCP/IP 连接


class UnityClient:
    def __init__(self, host, port):
        self.host = host    #服务器的 IP 地址
        self.port = port    #服务器的端口号
        #创建一个 TCP 套接字
        self.sock = socket.socket(socket.AF_INET, socket.SOCK_STREAM)
        self.is_connected = False    #连接状态的标志变量

    def connect(self):
        self.sock.connect((self.host, self.port))    #连接服务器
        self.is_connected = True    #修改连接状态标志

    def send(self, message):
        self.sock.sendall(message.encode('utf-8'))    #向服务器发送数据

    def disconnect(self):
        self.sock.close()    #关闭套接字
        self.is_connected = False    #修改连接状态标志

class Application(tk.Frame):
    def __init__(self, master=None):
```

```
        super().__init__(master)  #调用父类构造函数
        self.master = master  #创建应用程序窗口的主窗口
        self.pack()  #将 GUI 组件打包并放置在父容器中
        self.create_widgets()  #调用创建 GUI 组件的函数
        #创建 Unity 客户端对象并指定服务器地址和端口号
        self.client = UnityClient('127.0.0.1', 11223)

    def create_widgets(self):
        self.quit = tk.Button(self, text="退出", fg="red",
                                        command=self.master.destroy)  #创建"退出"按钮
        self.quit.pack(side="bottom")  #将"退出"按钮打包并放置在父容器底部

        #创建"连接 Unity"按钮
        self.connect_btn = tk.Button(self, text="连接 Unity", command=self.connect_to_unity)
        self.connect_btn.pack()  #将"连接 Unity"按钮打包并放置在父容器中

        self.disconnect_btn = tk.Button(self, text="断开连接", state="disabled", command=
self.disconnect_from_unity)  #创建"断开连接"按钮并设置为禁用状态
        self.disconnect_btn.pack()  #将"断开连接"按钮打包并放置在父容器中

        self.text_input = tk.Entry(self, width=30)  #创建文本框
        self.text_input.pack()  #将文本框打包并放置在父容器中

        self.send_btn = tk.Button(self, text="发送", state="disabled", command= self.send_
message)  #创建"发送"按钮并设置为禁用状态
        self.send_btn.pack()  #将"发送"按钮打包并放置在父容器中

    #定义连接到 Unity 的函数
    def connect_to_unity(self):
        try:
            self.client.connect()  #尝试连接 Unity
            self.connect_btn.config(state="disabled")  #将"连接"按钮设为不可用状态
```

235

```
        self.disconnect_btn.config(state="normal")   #将"断开连接"按钮设为可
        用状态
        self.send_btn.config(state="normal")   #将"发送"按钮设为可用状态
    except Exception as e:
        print(f"连接失败：{e}")   #如果连接失败，则打印异常信息


    #定义从 Unity 断开连接的函数
    def disconnect_from_unity(self):
        self.client.disconnect()   #断开与 Unity 的连接
        self.connect_btn.config(state="normal")   #将"连接 Unity"按钮设为可用状态
        self.disconnect_btn.config(state="disabled")   #将"断开连接"按钮设为不可
        用状态
        self.send_btn.config(state="disabled")   #将"发送"按钮设为不可用状态


    #定义将消息发给 Unity 的函数
    def send_message(self):
        message = self.text_input.get()   #获取用户在文本框中输入的消息
        self.client.send(message)   #将消息发给 Unity
        self.text_input.delete(0, tk.END)   #将文本框中的内容清空


#定义主函数
def main():
    root = tk.Tk()   #创建一个窗口
    root.geometry('300x200')   #设置窗口大小
    app = Application(master=root)   #创建一个应用程序实例
    app.mainloop()   #运行应用程序


#如果这个 Python 文件被直接运行，则执行主函数
if __name__ == '__main__':
    main()
```

　　上述代码使用 Tkinter 模块实现 GUI 界面，使用 Socket 与 Unity 进行通信。在程序启动后，可以单击"连接 Unity"按钮来建立连接，输入要发送的消息并单击"发送"按钮，可以将消息发给 Unity，单击"断开连接"按钮可以断开与 Unity 的连接。

　　此外，这个代码还处理了输入框内容的清空问题，在每次发送消息后，输入框中的内容会被清空。可以使用 pyinstaller 工具可以将这个脚本打包成可执行的 exe 文件，具体方法可以参考 pyinstaller 官方文档。

　　运行程序，生成一个用户端的自然语言输入界面，如图 8-13 所示。

　　但是该程序只能连接 Unity，不能调用 ChatGPT 的 API，所以继续向 ChatGPT 提问。

图 8-13　用户端的自然语言输入界面

　　提问：

```python
import openai
import json
import os

#os.environ["HTTP_PROXY"] = "YOUR HTTP_PROXY"
#os.environ["HTTPS_PROXY"] = "YOUR HTTPS_PROXY"
openai.api_key = "YOUR_API_HERE"
q = "你好，你叫什么名字"
rsp = openai.ChatCompletion.create(
    model="gpt-3.5-turbo",
    messages=[
            {"role": "system", "content": "小助手"},
```

```
            {"role": "user", "content": q}
    ]
)
print(rsp.get("choices")[0]["message"]["content"])
```

这是在 Python 中实现连接 GPT-3.5 的 API 接口的代码, 你能理解吗?

回答:

是的, 我能理解。这是一段使用 OpenAI 官方提供的 Python SDK 连接 GPT-3.5 API 的代码。它使用你的 API 密钥对该模型进行身份验证, 并发送一些对话信息到 GPT-3.5, 然后从 GPT-3.5 的响应中获取消息并打印输出。

提问: 好的, 请结合这两段代码, 实现这样的功能: 在输入问题后, 发送到 GPT-3.5 的 API 接口, 然后对回答进行筛选, 如果有代码, 则把代码提取出来, 保存在本地目录下, 生成 Unityceshi.cs 文件, 并给 Unity 发送 Yes 消息; 如果没有代码, 则给 Unity 发送 no 消息。

回答:

好的, 下面这段代码结合了之前的两段代码, 可以实现将用户输入的问题发给 ChatGPT、将 ChatGPT 的回答发给 Unity 的功能。

```python
import tkinter as tk    #导入 Tkinter 模块
import socket   #导入 Socket 模块
import openai   #导入 OpenAI 模块
import os   #导入 OS 模块

folder_path = 'D:/Program Files (x86)/unity/unity project/youxi/Assets'   # Unity 项目所在路径
file_path = os.path.join(folder_path,'Unityceshi.cs')   # Unity 项目中 C#脚本的文件路径

# Unity 客户端类
class UnityClient:
    def __init__(self, host, port):
```

```python
        self.host = host   # Unity 主机的 IP 地址
        self.port = port   # Unity 主机的端口号
        #创建 TCP 套接字对象
        self.sock = socket.socket(socket.AF_INET, socket.SOCK_STREAM)
        self.is_connected = False   #初始状态未连接

    #连接 Unity 主机
    def connect(self):
        self.sock.connect((self.host, self.port))   #连接指定的主机和端口号
        self.is_connected = True   #连接成功

    #向 Unity 主机发送消息
    def send(self, message):
        self.sock.sendall(message.encode('utf-8'))   #发送消息

    #断开连接
    def disconnect(self):
        self.sock.close()   #关闭套接字
        self.is_connected = False   #修改连接状态为未连接

# OpenAI 机器人类
class ChatGPT:
    def __init__(self, api_key):
        openai.api_key = api_key   #设置 API 密钥

    #生成机器人的回答
    def generate_answer(self, question):
        response = openai.ChatCompletion.create(
            model="gpt-3.5-turbo",   #使用的模型
            messages=[
                {"role": "system", "content": "精通 Unity 的工程师"},   #系统发送
                的消息
```

```
                            {"role": "user", "content": (f"Q: {question}\nA:")}    #用户发送的消息
                ]
            )

            return response.get("choices")[0]["message"]["content"]    #返回机器人的回答

# GUI 程序类
class Application(tk.Frame):
    def __init__(self, master=None):
        super().__init__(master)    #调用父类构造函数
        self.master = master    #程序主窗口对象
        self.pack()    #确定窗口大小
        self.create_widgets()    #创建控件
        self.client = UnityClient('127.0.0.1', 11223)    #创建 Unity 客户端对象
        self.chatgpt = ChatGPT('Your_API_Here')    #创建 OpenAI 机器人对象

    #创建控件
    def create_widgets(self):
        #创建"退出"按钮
        self.quit = tk.Button(self, text="退出", fg="red", command=self.master.destroy)
        self.quit.pack(side="bottom")    #添加到窗口中

        #创建"连接 Unity"按钮
        self.connect_btn = tk.Button(self, text="连接 Unity", command=self.connect_to_
unity)
        self.connect_btn.pack()

        #创建"断开连接"按钮
        self.disconnect_btn = tk.Button(self, text="断开连接", state="disabled", command=
self.disconnect_from_unity)
        self.disconnect_btn.pack()
```

```
        #创建文本框
        self.text_input = tk.Entry(self, width=30)
        self.text_input.pack()

        #创建"发送"按钮
        self.send_btn = tk.Button(self, text="发送", state="disabled", command= self.send_
message)
        self.send_btn.pack()

    #连接 Unity
    def connect_to_unity(self):
        try:
            self.client.connect()
            self.connect_btn.config(state="disabled")   #连接成功后禁用"连接 Unity"
按钮
            self.disconnect_btn.config(state="normal")   #启用"断开连接"按钮
            self.send_btn.config(state="normal")   #启用"发送"按钮
        except Exception as e:
            print(f"连接失败：{e}")

    #断开连接
    def disconnect_from_unity(self):
        self.client.disconnect()
        self.connect_btn.config(state="normal")   #启用"连接 Unity"按钮
        self.disconnect_btn.config(state="disabled")   #禁用"断开连接"按钮
        self.send_btn.config(state="disabled")   #禁用"发送"按钮

    #发送消息
    def send_message(self):
        question = "请帮我将以下内容转化成可直接在 Unity 中运行的代码：" +
self.text_input.get()
        answer = self.chatgpt.generate_answer(question)   #调用 GPT-3 模型生成回答
        print(answer)
```

```
            if len(answer) > 0:
                if "```" in answer:   #如果在答案中包含代码
                    start = answer.find("using")
                    end = answer.rfind("```")
                    code = answer[start:end]   #提取代码
                    with open(file_path, "w") as f:
                        f.write(code)   #将代码写入文件
                    self.client.send("yes")   #向 Unity 发送确认消息

                else:
                    print(f"无代码")
                    self.client.send("no")   #向 Unity 发送否定消息
            else:
                print("无回答")
                self.client.send("no")   #向 Unity 发送否定消息
            self.text_input.delete(0, tk.END)   #清空文本输入框


def main():
    root = tk.Tk()   #创建窗口对象
    root.geometry('300x200')   #设置窗口大小
    app = Application(master=root)
```

注意，在运行之前，需要用自己的 API 密钥替换代码中的 api_key。

在调用 GPT-3.5-turbo 的 API 时，收到回答的时间较长，如果觉得等待时间太长，可以把 GPT-3.5-turbo 的 API 换成 GPT-3 的 text-003 模型接口，代码如下。

```
#生成机器人的回答
    def generate_answer(self, question):
        response = openai.ChatCompletion.create(
            model="gpt-3.5-turbo",   #使用的模型
            messages=[
```

```
          {"role": "system", "content": "精通 Unity 的工程师"},  #系统发送
          的消息
          {"role": "user", "content": (f"Q: {question}\nA:")}   #用户发送的
          消息
        ]
    )

    return response.get("choices")[0]["message"]["content"]   # 返回机器人的回答
```

改为以下内容。

```
def generate_answer(self, question):
    response = openai.Completion.create(
        engine="text-davinci-003",
        prompt=f"Q: {question}\nA:",
        max_tokens=2048,
        n=1,
        stop=None,
        temperature=0.5,
    )
    message = response.choices[0].text
    message = message.strip()

    return message
```

提问：接下来请编写 Unity 中的程序，Unity 需要能够接收我通过 Python 发出的消息，当 Unity 收到消息时，会在控制台显示相应的消息，并且如果收到的是"yes"消息，则重新加载桌面上的 Unityceshi.cs 文件并运行。

回答：

好的，根据您的要求，以下是 Unity 中的程序。

```
using UnityEngine;
using UnityEditor;
```

```
using System;
using System.Net;
using System.Net.Sockets;
using System.Text;
using System.Reflection;
using System.IO;
using System.Collections;

public class youxi : MonoBehaviour
{
    private const int port = 11223; #定义服务器端口号
    private Socket serverSocket; #服务器 Socket 对象
    private Socket clientSocket; #客户端 Socket 对象
    private byte[] data; #接收数据的字节数组

    void Start()
    {
        #创建 Socket 对象，使用 IPv4 地址、流式套接字、TCP 协议
        serverSocket = new Socket(AddressFamily.InterNetwork, SocketType.Stream,
ProtocolType.Tcp);
        #获取本机 IP 地址
        IPAddress ip = IPAddress.Parse("127.0.0.1");
        #创建终点
        IPEndPoint ipe = new IPEndPoint(ip, port);
        #绑定 IP 地址和端口号
        serverSocket.Bind(ipe);
        #监听连接
        serverSocket.Listen(10);

        Debug.Log("服务器启动，等待连接...");

        #在子线程中接受连接请求
```

```
        System.Threading.Thread thread = new System.Threading.Thread(ListenClientConnect);
        thread.Start();

    }

    #在子线程中接收客户端连接请求
    private void ListenClientConnect()
    {
        #接受连接请求
        clientSocket = serverSocket.Accept();
        Debug.Log("客户端已连接");

        #不断接收消息
        while (true)
        {
            data = new byte[1024];
            int length = clientSocket.Receive(data);
            string message = Encoding.UTF8.GetString(data, 0, length);
            Debug.Log("接收到的消息：" + message);

            if (message.ToLower() == "yes")
            {
                #重新加载脚本文件
                ReloadScript();
            }
        }
    }

    private void ReloadScript()
    {
    #要重新加载的脚本文件名
    string scriptName = "Unityceshi.cs";
    #脚本文件路径
    string scriptPath = Application.dataPath + "/" + scriptName;
```

```
            #备份文件路径，以时间戳命名，避免重复
        string backupPath = Application.dataPath + "/Backup/" + scriptName + "." +
DateTime.Now.ToString("yyyy-MM-dd-HH-mm-ss");

        try
        {
            #备份原始文件
            if (!Directory.Exists(Application.dataPath + "/Backup"))
            {
                #如果备份文件夹不存在，就创建一个
                Directory.CreateDirectory(Application.dataPath + "/Backup");
            }
            #复制原始文件到备份文件夹
            File.Copy(scriptPath, backupPath, true);

            #加载新的脚本文件
            Assembly assembly = Assembly.Load(File.ReadAllBytes(scriptPath));

            Debug.Log("脚本文件重新加载成功");

            #执行新的脚本
            Type type = assembly.GetType("Unityceshi");
            MethodInfo method = type.GetMethod("Start");
            #创建一个脚本实例
            object instance = System.Activator.CreateInstance(type);
            #调用 Start 方法
            method.Invoke(instance, null);

            Debug.Log("脚本执行成功");

            #重新播放游戏
            EditorApplication.isPlaying = true;
```

```
                StartCoroutine(DelayedPlay());
        }
        catch (Exception e)
        {
                #恢复备份文件
                if (File.Exists(backupPath))
                {
                        #如果备份文件存在，则将备份文件复制至原始文件
                        File.Copy(backupPath, scriptPath, true);
                        Debug.Log("脚本文件恢复成功");
                }

                Debug.LogError(e.Message);
        }
}

IEnumerator DelayedPlay()
{
        #等待下一帧执行
        yield return null;
        #执行 Unity 编辑器中的 Play 操作
        EditorApplication.ExecuteMenuItem("Edit/Play");
}

private void OnApplicationQuit()
{
        if (clientSocket != null)
        {
                #关闭客户端套接字连接
                clientSocket.Shutdown(SocketShutdown.Both);
                clientSocket.Close();
        }
```

```
                    if (serverSocket != null)
        {
                #关闭服务器套接字连接
                serverSocket.Close();
        }
    }
}
```

运行上述代码,可以在控制台显示所接收的消息,并在收到"yes"消息时重新加载并执行指定的脚本文件。

把上述代码粘贴到 youxi.cs 中并运行。单击上方的"Play"按钮运行 Unity,控制台显示的信息如图 8-14 所示。

图 8-14　控制台显示的信息

这时,打开 Python 程序并运行,在面板中单击"连接 Unity"按钮,则 Unity 成功连接,如图 8-15 所示。

图 8-15　Unity 成功连接

2. 使用方式

在用户输入界面输入文字"生成一个红色的大圆球",如图 8-16 所示,单击"发送"按钮,等待片刻。

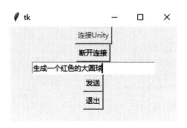

图 8-16 输入文字

当用户输入界面的输入文字被清空时,代表已经成功把文字传给了 ChatGPT,并把传回的代码发给了 Unity,切换到 Unity 界面,待 Unity 刷新后,可以看到生成的红色大圆球,如图 8-17 所示。如果没有显示,则单击 Unity 界面上方的"Play"按钮,重新加载一下即可。

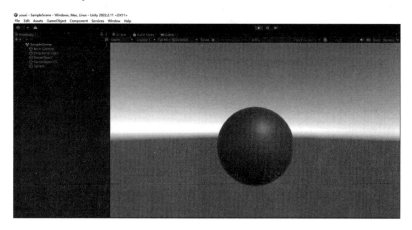

图 8-17 生成的红色大圆球

再来试验其他的效果,输入"生成两个正方体,一个是黄色,另一个是蓝色",如图 8-18 所示,单击"发送"按钮。

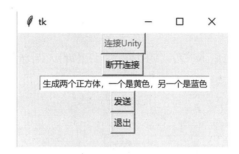

图 8-18　输入"生成两个正方体，一个是黄色，另一个是蓝色"

生成两个正方体的效果如图 8-19 所示。

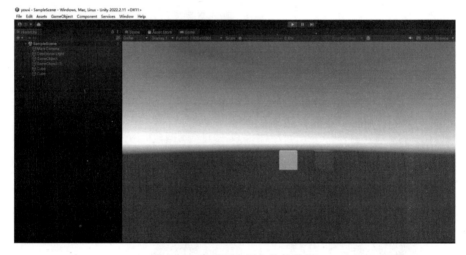

图 8-19　生成两个正方体的效果

还可以测试较为复杂的功能，如让目标动起来，输入"新生成一个红色正方体和一个绿色小球，并让小球绕着正方体旋转"，单击"发送"按钮。

绿色小球绕红色正方体旋转的效果如图 8-20 所示。

目前还无法实现由自然语言输入直接生成相应效果的复杂功能，还需要进一步优化和测试。

图 8-20　绿色小球绕红色正方体旋转的效果

8.4　习题

1．判断题

（1）可以直接在计算机上下载 ChatGPT 并在 ChatGPT 中安装 Unity 插件。（　　）

（2）可以在 Blender 中用 ChatGPT 编写插件。（　　）

（3）Unity 不能通过调用 ChatGPT 的 API 来使用 ChatGPT。（　　）

2．填空题

（1）在 Blender 中打开 N 面板的快捷键是＿＿＿＿＿。

（2）在 Unity 中新建 Canvas、Text、Button 的区域面板的名称是＿＿＿。

（3）在运用 ChatGPT 和 Unity 进行开发时，Unity 中的配置文件的扩展名是＿＿＿＿＿。

3．问答题

（1）调用 GPT-3 的 API 的报文格式是什么？

（2）简述 ChatGPT 和 Unity 协同开发的基本流程。

（3）如何在 Blender 中制作一个简单的插件，以选择所有的物体或所有的灯光？

第9章

ChatGPT 金融分析应用开发

金融一直是人工智能技术的重要应用领域之一，因为它需要进行高度准确的数据分析和预测，以支持投资决策和风险管理。ChatGPT 可以通过学习历史股票数据并结合相关新闻报道等信息来预测股票价格的变化趋势。此外，财务报表分析检索也是 ChatGPT 在金融行业的重要应用场景。ChatGPT 能够通过分析公共信息来监测和预测市场情绪和变化趋势。总之，作为一种强大的自然语言处理工具，ChatGPT 在金融行业有着广阔的应用前景。

本章详细介绍 ChatGPT 在股票价格预测、财务报表信息检索和金融舆情分析等方面的应用，探讨如何利用 ChatGPT 模型预测股票价格的变化趋势、如何使用该模型进行财务报表信息检索，以及如何利用 ChatGPT 来监测和分析金融舆情，从而了解市场情绪对金融行业的影响。通过学习本章，读者能够了解如何将 ChatGPT 应用于分析金融领域的实际问题，并掌握相应的应用开发方法。注意，本章内容仅供学习，请勿在实际中应用。

学习重点
◎了解股票价格预测应用开发过程。
◎了解财务报表信息检索应用的优缺点。
◎掌握金融舆情分析应用与 ChatGPT 的集成开发过程。

9.1　股票价格预测应用开发

股票价格预测一直是金融领域的热门问题，ChatGPT 可以通过使用自然语言处理技术来提高股票价格预测的精度和效率。在股票价格预测中，ChatGPT 可以根据需求提供相应的数据分析工具，帮助投资者和分析师准确预测股票价格的变化趋势。下面利用 ChatGPT 开发一个股票价格预测应用。

先为 ChatGPT 定义角色（这样可以更准确地返回结果）和提出需求，如图 9-1 所示。

> ZE　用Python开发一个本地股票价格预测应用，使用PyQt5生成客户端，手动输入股票代码，程序自动从baostock获取相关数据，预测未来5天股票走势，并在客户端进行可视化展示，给出架构和代码。

图 9-1　为 ChatGPT 定义角色和提出需求

代码如下。

```
import baostock as bs
import pandas as pd
import numpy as np
from sklearn.preprocessing import MinMaxScaler
from keras.models import Sequential
from keras.layers import Dense, Dropout, LSTM
from PyQt5.QtWidgets import QApplication, QWidget, QLabel, QLineEdit, QPushButton, QVBoxLayout
from matplotlib.backends.backend_qt5agg import FigureCanvasQTAgg as FigureCanvas
from matplotlib.figure import Figure
import matplotlib.dates as mdates
import matplotlib.pyplot as plt
plt.rcParams["font.sans-serif"]=["SimHei"] #设置字体
plt.rcParams["axes.unicode_minus"]=False #解决图像中负号的乱码问题
```

```python
class StockPrediction(QWidget):
    def __init__(self):
        super().__init__()

        self.initUI()

    def initUI(self):
        self.stock_label = QLabel('股票代码(格式：sh.600519)')
        self.stock_input = QLineEdit()
        self.start_date_label = QLabel('起始日期(YYYY-MM-DD)')
        self.start_date_input = QLineEdit()
        self.end_date_label = QLabel('结束日期(YYYY-MM-DD)')
        self.end_date_input = QLineEdit()
        self.predict_btn = QPushButton('预测')
        self.predict_btn.clicked.connect(self.predict)
        self.figure = Figure()
        self.canvas = FigureCanvas(self.figure)

        layout = QVBoxLayout()
        layout.addWidget(self.stock_label)
        layout.addWidget(self.stock_input)
        layout.addWidget(self.start_date_label)
        layout.addWidget(self.start_date_input)
        layout.addWidget(self.end_date_label)
        layout.addWidget(self.end_date_input)
        layout.addWidget(self.predict_btn)
        layout.addWidget(self.canvas)
        self.setLayout(layout)

    def predict(self):
        #获取用户输入的股票代码和时间范围
```

```
stock_code = self.stock_input.text()
start_date = self.start_date_input.text()
end_date = self.end_date_input.text()

#利用 baostock 模块获取历史股票数据
lg = bs.login()
rs = bs.query_history_k_data_plus(stock_code, "date,close", start_date=start_date,
end_date=end_date, frequency="d", adjustflag="2")
data_list = []
while (rs.error_code == '0') & rs.next():
    data_list.append(rs.get_row_data())
bs.logout()
stock_df = pd.DataFrame(data_list, columns=['date', 'close'])
stock_df['close'] = stock_df['close'].astype(float)

#数据预处理
scaler = MinMaxScaler(feature_range=(0, 1))
scaled_data = scaler.fit_transform(stock_df['close'].values.reshape(-1, 1))
prediction_days = 60
x_train = []
y_train = []

for x in range(prediction_days, len(scaled_data)):
    x_train.append(scaled_data[x-prediction_days:x, 0])
    y_train.append(scaled_data[x, 0])

x_train, y_train = np.array(x_train), np.array(y_train)
x_train = np.reshape(x_train, (x_train.shape[0], x_train.shape[1], 1))
#构建 LSTM 模型
model = Sequential()
model.add(LSTM(units=50, return_sequences=True, input_shape=(x_train.
shape[1], 1)))
```

```
model.add(Dropout(0.2))
model.add(LSTM(units=50, return_sequences=True))
model.add(Dropout(0.2))
model.add(LSTM(units=50))
model.add(Dropout(0.2))
model.add(Dense(units=1))
model.compile(optimizer='adam', loss='mean_squared_error')
model.fit(x_train, y_train, epochs=25, batch_size=32)


#对股票价格进行预测
test_data = scaled_data[-prediction_days:]
test_data = np.reshape(test_data, (1, test_data.shape[0], 1))
prediction = []
for i in range(30):
    next_day_prediction = model.predict(test_data)
    prediction.append(next_day_prediction[0, 0])
    test_data = np.append(test_data[:, 1:, :], np.reshape(next_day_prediction, (1,
1, 1)), axis=1)

    prediction = scaler.inverse_transform(np.array(prediction).reshape(-1, 1))


#可视化展示预测结果
ax = self.figure.add_subplot(111)
ax.clear()
ax.plot(pd.to_datetime(stock_df['date']), stock_df['close'])
ax.plot(pd.date_range(start=end_date, periods=30, freq='D'), prediction)
ax.legend(['历史数据', '预测数据'])
ax.xaxis.set_major_formatter(mdates.DateFormatter('%Y-%m-%d'))
self.canvas.draw()


if __name__ == '__main__':
    app = QApplication([])
    window = StockPrediction()
```

```
window.show()
app.exec_()
```

9.1.1 数据的获取与处理

数据的获取是模型开发的第一步，可以从股票交易所获取历史交易数据，包括股票价格、成交量、市盈率等，还可以从新闻网站、社交媒体等平台获取相关新闻和舆情数据，这些数据有助于 ChatGPT 理解市场变化对股票价格的影响，代码如下。

```
#利用 baostock 模块获取历史股票数据
lg = bs.login()
rs = bs.query_history_k_data_plus(stock_code, "date,close", start_date=start_date,
end_date=end_date, frequency="d", adjustflag="2")
data_list = []
while (rs.error_code == '0') & rs.next():
        data_list.append(rs.get_row_data())
bs.logout()
stock_df = pd.DataFrame(data_list, columns=['date', 'close'])
stock_df['close'] = stock_df['close'].astype(float)
```

上述代码的作用是利用 baostock 模块获取历史股票数据，并将数据转换为 DataFrame 格式。具体来说，先使用 bs.login()函数登录 baostock 模块，然后使用 bs.query_history_k_data_plus()函数查询指定股票代码（stock_code）在指定时间段（start_date 到 end_date）的历史数据。查询的数据包括日期和收盘价，将查询结果存储在 data_list 中，使用 pd.DataFrame()函数将 data_list 转换为 DataFrame 格式，并将收盘价的数据类型转换为 float 类型。最后使用 bs.logout()函数退出 baostock 模块。

数据处理包括数据清洗、数据转换和特征提取。数据清洗包括删除缺失数据、去除异常值和重复数据；数据转换指将数据转换为适合进行模型训练的格式；特征提取是为了从原始数据中提取有用的特征，如技术指标、基本面指标和市场情绪指标。数据预处理代码如下。

```
#数据预处理
scaler = MinMaxScaler(feature_range=(0, 1))
scaled_data = scaler.fit_transform(stock_df['close'].values.reshape(-1, 1))
```

上述代码实现了对股票数据进行预处理的功能。使用 MinMaxScaler 对股票收盘价进行归一化处理，将数据的范围缩放为 0～1。

9.1.2　特征工程

特征工程是股票价格预测的关键，直接影响预测模型的准确性和稳健性。在利用 ChatGPT 进行股票价格预测时，可以利用自然语言处理技术提取关键字和短语，将其作为预测模型的特征。

（1）对股票收盘价进行归一化处理（MinMaxScaler）。

（2）以预测天数为窗口，将归一化的收盘价数据序列转化为可用于训练 LSTM 模型的数据集（x_train 和 y_train）。

（3）将 x_train 数据集重塑为三维张量（samples、timesteps、features），其中 timesteps 表示历史数据的时间步数，features 表示每个时间步包含的特征数，这里为 1。

（4）在训练 LSTM 模型前，构建模型的结构，包括 LSTM 层、Dropout 层和全连接层。

（5）编译并训练 LSTM 模型。

（6）将最后 30 天的收盘价作为测试数据，并使用训练好的 LSTM 模型对其进行预测。

（7）对预测结果进行反归一化处理，得到未来 30 天的股票价格，并将历史数据和预测数据进行可视化展示。

具体代码如下。

```
prediction_days = 60
x_train = []
y_train = []
```

```
for x in range(prediction_days, len(scaled_data)):
    x_train.append(scaled_data[x-prediction_days:x, 0])
y_train.append(scaled_data[x, 0])

x_train, y_train = np.array(x_train), np.array(y_train)
x_train = np.reshape(x_train, (x_train.shape[0], x_train.shape[1], 1))
```

在上述代码中，先使用 MinMaxScaler 对原始的股票收盘价进行归一化
处理，将其转换为 0~1 的值，以避免由数据范围不同导致出现模型预测不准
确的问题。然后，根据设定的 prediction_days 参数，对缩放后的数据进行滑
动窗口操作，生成一系列时间序列数据样本，作为模型的训练集。最后，对
训练集进行处理，将其转化为符合 LSTM 模型输入要求的三维张量形式。上
述步骤是特征工程的组成部分，旨在为模型提供更好的输入数据。

9.1.3　模型选择与训练

模型选择与训练也是股票价格预测的关键。ChatGPT 可以使用多种机器
学习算法，根据不同的股票数据类型和预测任务选择合适的算法。此外，
ChatGPT 可以利用深度学习技术进行模型训练和调优，以提高模型的准确性
和稳健性。利用以下代码构建并训练 LSTM 模型。

```
#构建 LSTM 模型
model = Sequential()
model.add(LSTM(units=50, return_sequences=True, input_shape=(x_train.shape[1], 1)))
model.add(Dropout(0.2))
model.add(LSTM(units=50, return_sequences=True))
model.add(Dropout(0.2))
model.add(LSTM(units=50))
model.add(Dropout(0.2))
model.add(Dense(units=1))
model.compile(optimizer='adam', loss='mean_squared_error')
model.fit(x_train, y_train, epochs=25, batch_size=32)
```

创建一个 Sequential 对象，它是一个线性堆叠的神经网络模型。接下来添加第一个 LSTM 层。在这个层中，设置 units=50，表示有 50 个 LSTM 单元。将 return_sequences 参数设置为 True，以便在每个时间步返回一个输出序列。设置 input_shape=(x_train.shape[1], 1)，这表示 LSTM 层的输入应该是一个形状为(x_train.shape[1], 1)的序列。

在第一个 LSTM 层后添加了一个 Dropout 层，这个层有助于防止过拟合。接下来，添加第二个 LSTM 层，它也有 50 个 LSTM 单元，并且也返回输出序列。然后添加一个 Dropout 层和第三个 LSTM 层，它也有 50 个 LSTM 单元，但是第三个 LSTM 层只返回最后一个时间步的输出。再添加一个 Dropout 层。

最后，添加一个全连接层（Dense），它只有一个输出，用于预测模型的输出值。

在完成模型建立后，需要调用 compile()函数来配置模型的优化器（optimizer）和损失函数（loss）。在这个例子中，使用了 adam 优化器和均方误差（mean_squared_error）损失函数。

使用 fit()函数训练模型。x_train 和 y_train 分别为模型的训练数据和标签数据，epochs 表示训练的轮数，batch_size 表示每个批次的样本数。

9.1.4　模型预测与可视化

在完成模型训练后，可以用模型预测未知数据。这通常涉及将测试数据集输入到模型中，并使用模型输出的预测结果来评估模型的性能。为了更好地理解模型的性能，可以使用各种可视化工具（如折线图、柱状图和散点图等）来显示预测结果。

折线图是一种常用的可视化工具，可以显示股票价格的变化趋势。可以将模型输出的预测价格与实际价格绘制在一起，以便比较它们之间的差异。柱状图可以显示股票价格在不同时间段的变化情况，如显示股票价格在各月或各季度的变化情况。具体代码如下。

```
#对股票价格进行预测
test_data = scaled_data[-prediction_days:]
test_data = np.reshape(test_data, (1, test_data.shape[0], 1))
prediction = []
for i in range(30):
    next_day_prediction = model.predict(test_data)
    prediction.append(next_day_prediction[0, 0])
    test_data = np.append(test_data[:, 1:, :], np.reshape(next_day_prediction, (1,
1, 1)), axis=1)
prediction = scaler.inverse_transform(np.array(prediction).reshape(-1, 1))

#可视化展示预测结果
ax = self.figure.add_subplot(111)
ax.clear()
ax.plot(pd.to_datetime(stock_df['date']), stock_df['close'])
ax.plot(pd.date_range(start=end_date, periods=30, freq='D'), prediction)
ax.legend(['历史数据', '预测数据'])
ax.xaxis.set_major_formatter(mdates.DateFormatter('%Y-%m-%d'))
self.canvas.draw()
```

首先，从历史数据中选取最后 60 个交易日的收盘价，将其作为测试数据。其次，利用训练好的 LSTM 模型对接下来 30 个交易日的收盘价进行预测。在预测过程中，每次预测出一个值就将这个值加入测试数据，再将最早的一个值从测试数据中删除，这样就可以逐步预测出未来 30 个交易日的收盘价。最后，将预测结果进行逆缩放，得到真实的股票价格，并利用 matplotlib 库将历史数据和预测数据进行可视化展示。

将上述代码结合，可以按照以下步骤运行。

1. 安装必要的库

在终端窗口中输入以下命令，安装必要的库。

```
pip install baostock pandas numpy scikit-learn keras pyqt5 matplotlib
```

2. 打开代码编辑器

将代码复制到代码编辑器中，并保存为一个 .py 文件（如 StockPrediction.py）。

3. 运行程序

在终端窗口中输入以下命令，以启动程序。

```
python StockPrediction.py
```

程序会弹出一个 GUI 窗口，用户可以输入股票代码、起始日期和结束日期，然后单击"预测"按钮，预测股票价格。程序将使用 baostock API 从数据源获取历史股票数据，并使用深度学习算法预测股票价格。预测效果如图 9-2 所示。

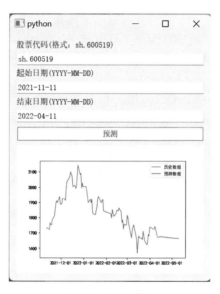

图 9-2　预测效果

9.2　财务报表信息检索应用开发

财务报表可以反映企业的财务健康状况和绩效。然而，手动搜索和分析财务报表耗时且容易出错。为了帮助用户获取和分析企业的财务报表信息，

263

可以开发一个财务报表信息检索应用。这样的应用通常提供搜索功能，允许用户根据关键词或企业名称等条件进行查询，并返回相关的财务报表信息，如利润、资产负债、现金流等。总之，财务报表信息检索应用可以便于用户获取和分析企业的财务报表，从而提高用户对企业的了解及保障投资决策的准确性。应用可以提供搜索功能和分析工具，帮助用户更好地理解财务报表数据，并做出更明智的决策。本章探讨如何使用 ChatGPT 开发财务报表检索应用，实现财务报表信息检索的自动化，开发需求如图 9-3 所示。

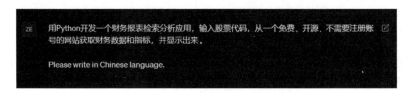

图 9-3　开发需求

本章利用 Python 和 PyQt5 库编写程序以查询某只股票的财务报表信息，可以将结果展示在表格中，也可以将结果下载为 Excel 文件并绘图。

程序使用 baostock 库进行数据查询和下载，并使用了 pandas 库和 matplotlib 库对数据进行处理和展示。财务报表查询软件如图 9-4 所示。

图 9-4　财务报表查询软件

9.2.1　数据获取与处理

在开发财务报表信息检索应用时，需要先收集财务报表数据，可以从企业网站、数据库和监管文件中获取数据。ChatGPT 可以将这个过程自动化，自动分析网页并识别相关的财务报表数据。本节使用 baostock API 获取数据，并使用 PyQt5 库构建用户界面，使用户能够方便地查询、下载和分析数据，代码如下。

```python
import baostock as bs
import pandas as pd
from PyQt5.QtWidgets import QApplication, QWidget, QLabel, QLineEdit, QPushButton,
QGridLayout, QTableWidget, QTableWidgetItem
import matplotlib.pyplot as plt
from PyQt5.QtWidgets import QFileDialog
from PyQt5.QtGui import QFont

#设置 baostock 登录信息
lg = bs.login()
#如果登录失败，抛出异常
if lg.error_code != "0":
    raise Exception("baostock login failed")

#定义一个字典，用于将英文转换为中文
col_dict = {
    'code': '股票代码',
    'pubDate': '公告日期',
    'statDate': '发布日期',
    'roeAvg': '平均净资产收益率(%)',
    'npMargin': '销售净利率(%)',
    'gpMargin': '销售毛利率(%)',
    'netProfit': '净利润(元)',
    'epsTTM': '每股收益',
```

```
        'MBRevenue': '营业收入(百万元)',
        'totalShare': '总股本',
        'liqaShare': '流通股本',
        'circulars': '公司公告'

}

class MainWindow(QWidget):
    def __init__(self):
        super().__init__()

        #设置窗口标题和大小
        self.setWindowTitle('财务报表检索分析')
        self.resize(800, 600)

        #创建控件
        self.code_label = QLabel('股票代码: ')
        self.code_edit = QLineEdit()
        self.code_edit.setPlaceholderText('股票代码应为 9 位, 请检查。格式示例:
sh.600000。')
        self.query_button = QPushButton('查询')
        self.download_button = QPushButton('下载数据')
        self.table_widget = QTableWidget()
        self.table_widget.setColumnCount(10)

        #设置字体和样式表
        font = QFont('Microsoft YaHei', 10)
        self.code_label.setFont(font)
        self.code_edit.setFont(font)
        self.query_button.setFont(font)
        self.download_button.setFont(font)
        self.table_widget.setFont(font)
```

```
self.setStyleSheet("""
    QLabel { color: #333; }
    QLineEdit { border: 1px solid #bbb; padding: 4px; }
    QPushButton { background-color: #0072c6; color: #fff; border: none;
padding: 6px 10px; }
    QPushButton:hover { background-color: #005ea3; }
    QTableWidget { border: 1px solid #bbb; }
    QTableWidget::item { padding: 2px 5px; }
""")

#创建布局
self.grid = QGridLayout()
self.grid.addWidget(self.code_label, 0, 0)
self.grid.addWidget(self.code_edit, 0, 1)
self.grid.addWidget(self.query_button, 0, 2)
self.grid.addWidget(self.download_button, 0, 3)
self.grid.addWidget(self.table_widget, 1, 0, 1, 4)
self.setLayout(self.grid)

#绑定事件
self.query_button.clicked.connect(self.query_data)
self.download_button.clicked.connect(self.download_data)

#查询数据
def query_data(self):
    code = self.code_edit.text()
    if not code:
        return

    #获取数据
    years = [2017, 2018, 2019, 2020, 2021]
    rs_list = [bs.query_profit_data(code, year=year) for year in years]
```

```
data_list = [rs.get_data() for rs in rs_list]
data = pd.concat(data_list)

if any([rs.error_code != "0" for rs in rs_list]):
    raise Exception("baostock query profit data failed")


#将英文转换为中文
data.columns = [col_dict.get(col, col) for col in data.columns]
```

上述代码实现了一个简单的 GUI 界面，用户可以在输入框中输入股票代码并单击"查询"按钮，以获取该股票的数据。用户还可以通过单击"下载"按钮将数据保存在本地。具体实现过程如下。

- 导入需要使用的库和模块，包括 baostock 库、pandas 库、PyQt5 库、matplotlib 库、QFileDialog 模块和 QFont 类。
- 使用 bs.login()登录 baostock 模块，如果登录失败则抛出异常。
- 定义一个 col_dict 字典，用于将数据中的英文转换为中文。
- 创建一个名为 MainWindow 的类，继承自 QWidget 类，用于实现 GUI 界面。在__init__()中设置窗口标题和大小，创建控件并添加到布局中，并绑定按钮的单击事件。
- 定义 query_data，通过获取文本框中的股票代码，调用 bs.query_profit_data()，以获取数据，将数据转换为 DataFrame 格式并将英文转换为中文，最后将数据展示在表格中。
- 定义 download_data，通过 QFileDialog 模块打开文件选择窗口，获取文件路径，然后调用 DataFrame.to_csv()将数据保存在本地。

总的来说，上述代码实现了一个简单的 GUI 界面，用户可以方便地查询某只股票的数据并将其保存在本地。

9.2.2　数据存储和索引

在获取财务报表数据后，需要将数据存储在表格中，并对其进行索引，以实现高效检索。可以使用 ChatGPT 将该过程自动化，分析财务报表数据并识别需要索引的相关信息，代码如下。

```
#将数据存储在表格中
self.table_widget.setRowCount(data.shape[0])
self.table_widget.setHorizontalHeaderLabels(data.columns.tolist())
for i in range(data.shape[0]):
    for j in range(data.shape[1]):
        item = QTableWidgetItem(str(data.iloc[i, j]))
self.table_widget.setItem(i, j, item)

#保存查询结果
self.query_result = data
```

上述代码实现了在 GUI 界面中展示查询结果的功能。首先，使用 setRowCount() 将表格的行数设置为数据的行数，并使用 setHorizontal HeaderLabels() 将表格的列名设置为数据的列名。然后，使用两个 for 循环遍历数据，并使用 QTableWidgetItem 创建单元格。将单元格设置为字符串类型，并使用 setItem() 将单元格添加到表格中的对应位置。最后，将查询结果保存在实例变量中，以便完成后续的数据操作。上述代码的目的是将查询到的股票财务报表数据展示在 GUI 界面的表格中，使用户可以直观地查看数据。

9.2.3　查询功能的实现

在实现财务报表数据的存储和索引后，需要提供查询功能，可以使用 ChatGPT 开发算法，分析财务报表数据并提供关于企业财务健康状况和绩效的见解。应用程序可以提供关键的财务比率和绩效指标，如收入增长、利润率和股本回报率，代码如下：

```
#下载数据
def download_data(self):
    #获取保存路径
    filepath, _ = QFileDialog.getSaveFileName(self, "保存文件", "", "CSV 文件
```

```
(*.csv);;Excel 文件 (*.xlsx)")

            #如果没有选择路径，则直接返回
            if not filepath:
                return

            #从实例变量中获取查询结果
            data = self.query_result

            #将数据写入文件
            if filepath.endswith('.csv'):
                data.to_csv(filepath, index=False, encoding='utf-8-sig')
            elif filepath.endswith('.xlsx'):
                data.to_excel(filepath, index=False)

    if name == 'main':
        app = QApplication([])
        window = MainWindow()
        window.show()
        app.exec_()

    #退出登录
    bs.logout()
```

　　上述代码实现了一个名为 download_data 的方法，它的功能是将查询结果存储为 CSV 文件或 Excel 文件。该方法会弹出一个对话框，让用户选择保存类型和文件名，如图 9-5 所示。

　　然后，从实例变量中获取查询结果，并将其写入用户选择的文件中。如果选择了 CSV 文件，则使用 to_csv 将数据写入 CSV 文件；如果选择了 Excel 文件，则使用 to_excel 将数据写入 Excel 文件，最后会退出登录。

　　除此之外，代码中还包含一个 if name == 'main' 语句块。该语句块用于创建应用程序和窗口对象，并显示该窗口。这个语句块可以确保当文件被导入时，不会执行应用程序代码，而是只执行顶层的代码。这个语句块也可以让我们在测试和调试代码时，不必每次都运行整个应用程序。

图 9-5　选择保存类型和文件名

总的来说，这段代码的目的是提供一种方便的方法，使用户可以将查询结果存储为 CSV 文件或 Excel 文件。这对于需要频繁查询股票数据的用户来说，可以提高数据查询效率，让数据处理更方便。数据分析结果如图 9-6 所示。

图 9-6　数据分析结果

9.2.4 可视化展示设计

应用程序需要提供一个对用户友好的界面，用于可视化展示财务报表数据和分析结果。可以使用 ChatGPT 开发数据可视化算法，为用户提供交互式图表，以帮助用户理解财务数据。

图 9-7 数据可视化软件

数据可视化软件如图 9-7 所示，代码如下。

```python
import sys
import pandas as pd
import matplotlib.pyplot as plt
import matplotlib
matplotlib.rc("font",family='YouYuan')
from PyQt5.QtWidgets import QApplication, QFileDialog, QMainWindow, QMessageBox,
QWidget, QPushButton, QLabel, QVBoxLayout, QHBoxLayout, QLineEdit, QGridLayout


class MainWindow(QMainWindow):
    def __init__(self):
        super().__init__()
        self.filename = None
        self.df = None

        #创建控件
        self.fileLineEdit = QLineEdit()
        self.fileButton = QPushButton('Select File')
        self.plotButton = QPushButton('Plot')
        self.titleLabel = QLabel('Stock Data')
        self.avgROEELabel = QLabel('平均净资产收益率(%)')
        self.salesNPMLabel = QLabel('销售净利率(%)')
        self.salesGPMLabel = QLabel('销售毛利率(%)')

        #设置控件属性
```

```
self.fileLineEdit.setReadOnly(True)

#布局控件
topLayout = QHBoxLayout()
topLayout.addWidget(self.fileLineEdit)
topLayout.addWidget(self.fileButton)

middleLayout = QGridLayout()
middleLayout.addWidget(self.avgROEELabel, 0, 0)
middleLayout.addWidget(self.salesNPMLabel, 1, 0)
middleLayout.addWidget(self.salesGPMLabel, 2, 0)

self.dateLabel = QLabel('公告日期')
self.avgROEEDataLabel = QLabel()
self.salesNPMDataLabel = QLabel()
self.salesGPMDataLabel = QLabel()

middleLayout.addWidget(self.dateLabel, 3, 0)
middleLayout.addWidget(self.avgROEEDataLabel, 0, 1)
middleLayout.addWidget(self.salesNPMDataLabel, 1, 1)
middleLayout.addWidget(self.salesGPMDataLabel, 2, 1)

bottomLayout = QHBoxLayout()
bottomLayout.addWidget(self.plotButton)

mainLayout = QVBoxLayout()
mainLayout.addWidget(self.titleLabel)
mainLayout.addLayout(topLayout)
mainLayout.addLayout(middleLayout)
mainLayout.addLayout(bottomLayout)

widget = QWidget()
widget.setLayout(mainLayout)
```

```
        self.setCentralWidget(widget)

        #连接槽函数
        self.fileButton.clicked.connect(self.open_file_dialog)
        self.plotButton.clicked.connect(self.plot_data)

    def open_file_dialog(self):
        options = QFileDialog.Options()
        options |= QFileDialog.DontUseNativeDialog
        self.filename, _ = QFileDialog.getOpenFileName(self, "Select Excel file", "",
"Excel Files (*.xlsx)", options=options)
        if self.filename:
            try:
                self.df = pd.read_excel(self.filename)
                self.fileLineEdit.setText(self.filename)
            except Exception as e:
                QMessageBox.critical(self, 'Error', f'Error loading file: {str(e)}')

    def plot_data(self):
        if self.df is None:
            QMessageBox.warning(self, 'Warning', 'No data loaded')
            return

        #获取需要绘制的数据
        avg_roee = self.df['平均净资产收益率(%)']
        sales_npm = self.df['销售净利率(%)']
        sales_gpm = self.df['销售毛利率(%)']
        date = self.df['公告日期']

        #绘制折线图
        fig, ax = plt.subplots(figsize=(8, 6))
        ax.plot(date, avg_roee, label='平均净资产收益率(%)', marker='o')
        ax.plot(date, sales_npm, label='销售净利率(%)', marker='o')
```

```python
ax.plot(date, sales_gpm, label='销售毛利率(%)', marker='o')

for i, val in enumerate(avg_roee):
    ax.text(date[i], val, f'{val:.2f}', ha='center', va='bottom')
for i, val in enumerate(sales_npm):
    ax.text(date[i], val, f'{val:.2f}', ha='center', va='bottom')
for i, val in enumerate(sales_gpm):
    ax.text(date[i], val, f'{val:.2f}', ha='center', va='bottom')


ax.legend()
ax.set_xlabel('公告日期')
ax.set_ylabel('比率')


plt.show()

if __name__ == '__main__':
    app = QApplication(sys.argv)
    window = MainWindow()
    window.show()
sys.exit(app.exec_())
```

上述代码实现了一个基于 PyQt5 库的 GUI 界面，可以用于选择 Excel 文件，并读取其中的数据，数据读取界面如图 9-8 所示。

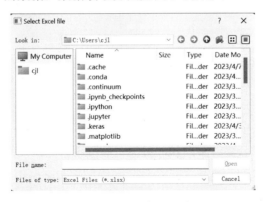

图 9-8　数据读取界面

绘制折线图，得到可视化结果，如图 9-9 所示。3 个 QLabel 分别显示平均净资产收益率、销售净利率和销售毛利率。这些标签会根据所选择的 Excel 文件自动更新相应的值。在绘制折线图时，使用 matplotlib 库实现了可视化，并对每个数据点进行了标记和标注。

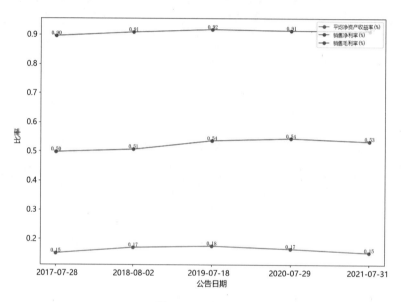

图 9-9　可视化结果

9.3　金融舆情分析应用开发

随着经济社会的发展，金融舆情分析变得越来越重要。金融舆情分析指利用互联网等渠道收集、整理和分析与金融市场相关的各种信息，包括新闻报道、社交媒体信息、博客、评论等，从中挖掘对金融市场有价值的内容，为金融机构和投资者提供决策支持。金融舆情分析还可以用于金融监管、市场预警等方面。本节介绍金融舆情分析应用开发，重点讨论其开发步骤。

9.3.1　舆情数据获取

进行金融舆情分析的第一步是获取相关数据。通常会从各种来源采集数据，所采集的数据可以是文本、图片、视频、音频等。在获取数据的过程中，需要考虑数据的质量和可靠性。从不同来源采集的数据质量不同，一些数据可能存在噪声或错误。因此，在选择数据源和提取数据的过程中，需要进行严格的筛选和处理，以确保所分析的数据是有意义和可靠的。

下面从一个金融论坛获取数据，编写一个 Python 程序，以获取相关企业的新闻，并将结果保存在本地 Excel 文件中，供进一步分析和研究。所提出的需求如图 9-10 所示。

图 9-10　所提出的需求

具体而言，使用 Tkinter GUI 库，通过 GUI 界面输入股票代码和页数。使用 Python 的 requests 库和 BeautifulSoup 库，从该论坛的网页中提取评论数据，并将其保存在 CSV 文件中。需要注意的是，保存地址需要根据自身情况进行修改，否则无法正常保存结果文件。具体代码如下。

```
import tkinter as tk
import requests
from bs4 import BeautifulSoup
import openpyxl
from time import sleep
import random
from fake_useragent import UserAgent
root = tk.Tk()
root.title("东方财富网新闻采集")
root.geometry("400x200")
```

```python
#股票代码标签和文本框
code_label = tk.Label(root, text="股票代码: ")
code_label.place(x=50, y=30)
code_entry = tk.Entry(root, width=20)
code_entry.place(x=120, y=30)

#页数标签和文本框
#股票代码标签和文本框
code_label = tk.Label(root, text="股票代码: ")
code_label.place(x=50, y=30)
code_entry = tk.Entry(root, width=20)
code_entry.place(x=120, y=30)

#页数标签和文本框
page_label = tk.Label(root, text="页数: ")
page_label.place(x=50, y=70)
page_entry = tk.Entry(root, width=20)
page_entry.place(x=120, y=70)
def get_url(code,pages):
    '''
    获取东方财富网股吧链接列表
    code 指公司代码
    page 指爬取页数
    '''
    url_list = []
    for page in range(1,pages+1):
        url = f"http://guba.eastmoney.com/list,{code},1,f_{page}.html"
        url_list.append(url)

    return url_list
```

```python
def get_news(url_list):
    '''
    获取东方财富网新闻列表至本地 xls
    url_list 指链接列表
    '''
    headers = {
        'User-Agent': UserAgent(verify_ssl=False).random
    }

    #保存爬取内容
    outwb = openpyxl.Workbook() #打开一个文件
    outws = outwb.create_sheet(index=0) #在文件中创建 sheet
    outws.cell(row = 1, column = 1, value = "read")
    outws.cell(row = 1, column = 2, value = "comment")
    outws.cell(row = 1, column = 3, value = "title")
    outws.cell(row = 1, column = 4, value = "author")
    outws.cell(row = 1, column = 5, value = "renew")
    outws.cell(row = 1, column = 6, value = "link")
    index = 2

    for i in range(len(url_list)):
        url = url_list[i]
        res = requests.get(url,headers = headers)
        res.encoding = res.apparent_encoding
        html = res.text
        soup = BeautifulSoup(html,"html.parser")
        read_list = soup.select(".l1.a1")[1:]
        comment_list = soup.select(".l2.a2")[1:]
        title_list = soup.select(".l3.a3")[1:]
        author_list = soup.select(".l4.a4")[1:]
        renew_list = soup.select(".l5.a5")[1:]
        for k in range(len(title_list)):
```

```
                    outws.cell(row = index, column = 1, value = str(read_list[k].text.strip()))
                    outws.cell(row = index, column = 2, value = str(comment_list[k].
text.strip()))
                    outws.cell(row = index, column = 3, value = str(title_list[k].select
('a')[0]["title"]))
                    outws.cell(row = index, column = 4, value = str(author_list[k].text.strip()))
                    outws.cell(row = index, column = 5, value = str(renew_list[k].text.strip()))
                    outws.cell(row = index, column = 6, value = str(title_list[k].select
('a')[0]["href"]))
                    index += 1
                    print(title_list[k].select('a')[0]["title"],renew_list[k].text.strip())
        sleep(random.uniform(3,4))
    code = code_entry.get()
    outwb.save("C:/Users/12171/Desktop/舆情报告_{}.xlsx".format(code))
# "运行" 按钮
def run():
    code = code_entry.get()
    pages = int(page_entry.get())
    url_list = get_url(code, pages)
    get_news(url_list)
    tk.messagebox.showinfo(title="完成", message="运行完成")


run_btn = tk.Button(root, text="运行", width=10, command=run)
run_btn.place(x=170, y=120)

root.mainloop()
```

在运行上述代码后，会弹出采集界面，如图 9-11 所示，界面上有文本框和按钮，文本框用于输入股票代码和页数，按钮用于启动爬虫程序，在爬取完成后，会弹出运行完成提示，如图 9-12 所示。

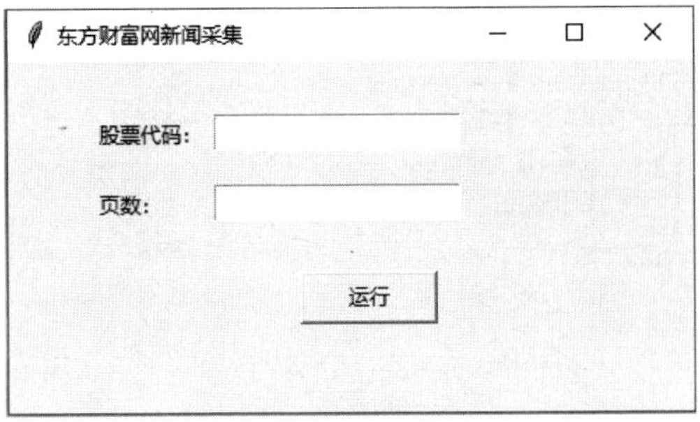

图 9-11　采集界面

图 9-12　运行完成提示

　　程序主要包括两个函数：一个是 get_url 函数，用于生成指定股票代码和页数的新闻链接列表；另一个是 get_news 函数，用于从链接列表中爬取新闻数据并将其保存在本地 Excel 文件中。程序使用了 requests、BeautifulSoup、openpyxl、time 和 random 等库。其中，requests 库和 BeautifulSoup 库用于爬取和解析网页数据，openpyxl 库用于将数据保存在本地 Excel 文件中，保存在本地的数据如图 9-13 所示。time 库和 random 库用于控制程序运行速度。

	A	B	C	D	E	F
1	read	comment	title	author	renew	link
2	518	0	贵州茅台现2笔大宗交易 合计成交0.97万股	贵州茅台资讯	04-18 19:	/news,600519,1299680637.html
3	372	2	贵州茅台获沪股通连续4日净买入 累计净买入9.71亿元	贵州茅台资讯	04-18 19:	/news,600519,1299679262.html
4	80	0	民生证券维持贵州茅台推荐评级 预计2023年净利润同比增长18.66%	公司研报提示	04-18 18:	/news,600519,1299667833.html
5	560	4	民生证券给予贵州茅台推荐评级	贵州茅台资讯	04-18 18:	/news,600519,1299667204.html
6	71	0	万联证券维持贵州茅台增持评级 预计2023年净利润同比增长16.16%	公司研报提示	04-18 18:	/news,600519,1299666199.html
7	226	0	大宗交易：贵州茅台成交1705.26万元，成交均价1758.00元（04-18）	贵州茅台资讯	04-18 17:	/news,600519,1299649665.html
8	1038	6	茅台集团一季度主要生产经营指标超预期增长	贵州茅台资讯	04-18 10:	/news,600519,1299372779.html
9	1140	15	财通证券给予贵州茅台买入评级 吨价弹性稳步释放 营销体系创新谋变	贵州茅台资讯	04-18 10:	/news,600519,1299345602.html
10	119	0	财通证券维持贵州茅台买入评级	公司研报提示	04-18 10:	/news,600519,1299320907.html
11	3256	29	中国移动市值盘中首次超贵州茅台 A股市场需要新形象与新坐标	贵州茅台资讯	04-18 08:	/news,600519,1299232704.html
12	1341	9	贵州茅台一季度净利润增速19% "股王"争夺战被中移动超越	贵州茅台资讯	04-18 08:	/news,600519,1299227395.html
13	129	0	贵州茅台04月17日获沪股通增持15.5万股	贵州茅台资讯	04-18 07:	/news,600519,1299220735.html
14	653	3	贵州茅台：一季度集团主要生产经营指标稳定增长	贵州茅台资讯	04-18 07:	/news,600519,1299218059.html
15	99	0	贵州茅台：连续3日融资净偿还累计2.13亿元（04-17）	贵州茅台资讯	04-18 07:	/news,600519,1299216920.html
16	3403	22	茅台集团：一季度集团主要生产经营指标稳定增长 超过预期	贵州茅台资讯	04-18 07:	/news,600519,1299216648.html
17	127	0	华安证券维持贵州茅台买入评级 预计2023年净利润同比增长16.8%	公司研报提示	04-17 20:	/news,600519,1299146158.html
18	3166	26	股价创新高！中国移动取代贵州茅台成A股市值"一哥"	贵州茅台资讯	04-17 19:	/news,600519,1299123823.html
19	207	1	广发证券维持贵州茅台买入评级 目标价2361.05元	公司研报提示	04-17 18:	/news,600519,1299107173.html
20	196	0	中信证券维持贵州茅台买入评级 目标价2314元	公司研报提示	04-17 17:	/news,600519,1299088681.html
21	120	0	信达证券维持贵州茅台买入评级 预计2023年净利润同比增长19.18%	公司研报提示	04-17 17:	/news,600519,1299087785.html
22	1406	20	信达证券给予贵州茅台买入评级 超预期开局 坚定全年信心	贵州茅台资讯	04-17 17:	/news,600519,1299087947.html
23	912	4	东方证券给予贵州茅台买入评级 直销占比有望进一步提升 流动性充裕利好行业复苏	贵州茅台资讯	04-17 17:	/news,600519,1299079806.html
24	174	0	东方证券维持贵州茅台买入评级 目标价2324.4元	公司研报提示	04-17 17:	/news,600519,1299078971.html
25	2315	24	贵州茅台一季度赚了200亿 今天上午却丢了A股市值最大公司的头衔	贵州茅台资讯	04-17 16:	/news,600519,1299070630.html
26	112	0	中泰证券维持贵州茅台买入评级 预计2023年净利润同比增长19.06%	公司研报提示	04-17 16:	/news,600519,1299069750.html
27	101	0	国金证券维持贵州茅台买入评级 预计2023年净利润同比增长17.68%	公司研报提示	04-17 15:	/news,600519,1299052522.html
28	4612	45	登顶A股：中国移动市值超茅台 前沿科技或取代"酱香型科技"	贵州茅台资讯	04-17 14:	/news,600519,1298983396.html
29	106	0	光大证券维持贵州茅台买入评级 预计2023年净利润同比增长16.01%	公司研报提示	04-17 13:	/news,600519,1298925427.html
30	3531	26	"股王"宝座易位？中移动"再战"茅台 AH股市值计算法引激辩 两种逻辑原来有这些不同	贵州茅台资讯	04-17 12:	/news,600519,1298894432.html
31	1532	38	东亚前海证券给予贵州茅台强烈推荐评级	贵州茅台资讯	04-17 11:	/news,600519,1298891072.html
32	126	0	东亚前海证券维持贵州茅台强烈推荐评级 预计2023年净利润同比增长14.34%	公司研报提示	04-17 11:	/news,600519,1298880618.html
33	111	0	东吴证券维持贵州茅台买入评级 预计2023年净利润同比增长16.47%	公司研报提示	04-17 11:	/news,600519,1298879496.html
34	118	0	招银国际维持贵州茅台买入评级 目标价2440元	公司研报提示	04-17 11:	/news,600519,1298875743.html
35	2900	32	2.19万亿！中国移动总市值超贵州茅台 A股市值一哥易主	贵州茅台资讯	04-17 11:	/news,600519,1298876758.html
36	4264	42	刚刚 中国移动市值反超贵州茅台	贵州茅台资讯	04-17 11:	/news,600519,1298868605.html
37	111	0	国盛证券维持贵州茅台买入评级 预计2023年净利润同比增长16.44%	公司研报提示	04-17 11:	/news,600519,1298852984.html
38	759	5	东莞证券给予贵州茅台买入评级	贵州茅台资讯	04-17 11:	/news,600519,1298849128.html
39	730	11	东海证券给予贵州茅台买入评级	贵州茅台资讯	04-17 11:	/news,600519,1298849125.html
40	112	0	华创证券维持贵州茅台强推评级 目标价2600元	公司研报提示	04-17 11:	/news,600519,1298844368.html
41	113	0	东莞证券维持贵州茅台买入评级 预计2023年净利润同比增长16.91%	公司研报提示	04-17 10:	/news,600519,1298839447.html
42	[illegible]	[illegible]	[illegible]	[illegible]	[illegible]	[illegible]

Sheet1 Sheet

图 9-13 保存在本地的数据

9.3.2 情感分析

情感分析是一种对文本情感进行分析的技术，可以识别文本中的情感倾向。在金融领域，情感分析通常用于分析市场对不同事件的情感反应。例如，可以分析市场对企业发布的业绩报告的情感反应，以了解市场对该企业的看法。为了进行情感分析，需要先对文本进行情感极性分析，即判断文本的情感是正面的、负面的还是中性的。常用的情感分析算法包括基于情感词典的方法、基于机器学习的方法、基于深度学习的方法等。情感分析可以帮助我们了解市场对不同事件的看法，以及不同事件对市场的影响。同时，也可以为投资者提供决策支持，帮助他们更好地确定投资策略。

下面利用 ChatGPT 进行舆情分类与情感分析开发，发送请求如图 9-14 所示。

ZE 用Python写一个语言情感分析程序，用PyQt5制作一个前端程序，用于上传Excel文件，程序读取Excel文件中title列的内容进行情感分析，并在前端展示结论。

图 9-14 发送请求

经过多次迭代，返回结果。下面是一个简单的舆情分析及可视化程序，用于读取 9.3.1 节获取的 Excel 文件并对其中的文本进行情感分析，最终在前端界面展示分析结果。程序使用 PyQt5 库创建 GUI 界面，使用 pandas 库和 SnowNLP 库读取和处理数据，代码如下。

```python
import sys
from collections import Counter
from  PyQt5.QtWidgets  import  QApplication,  QWidget,  QPushButton,  QLabel,
QFileDialog
import pandas as pd
from snownlp import SnowNLP


class App(QWidget):
    def __init__(self):
        super().__init__()
        self.title = '情感分析程序'
        self.left = 10
        self.top = 10
        self.width = 400
        self.height = 300
        self.initUI()


    def initUI(self):
        self.setWindowTitle(self.title)
        self.setGeometry(self.left, self.top, self.width, self.height)
        self.setGeometry(200, 200, self.width, self.height)


        #标签和按钮
        self.label = QLabel(self)
        self.label.setText('请上传 Excel 文件')
        self.label.move(50, 50)
        self.label.setWordWrap(True)
```

```
        self.label.setFixedWidth(300)
        self.btn = QPushButton('上传', self)
        self.btn.move(150, 100)
        self.btn.clicked.connect(self.openFile)
        self.save_btn = QPushButton('下载', self)
        self.save_btn.move(150, 150)
        self.save_btn.clicked.connect(self.saveFile)

        self.show()

    def analyze_sentiment(self, text):
        '''
        使用 SnowNLP 库计算文本的情感倾向
        '''
        s = SnowNLP(text)
        sentiment = s.sentiments
        return sentiment

    def openFile(self):
        '''
        打开文件对话框并读取 Excel 文件，进行情感分析
        最终在前端界面中展示分析结果
        '''
        options = QFileDialog.Options()
        options |= QFileDialog.DontUseNativeDialog
        fileName, _ = QFileDialog.getOpenFileName(self,"打开文件", "","Excel 文件
(*.xls *.xlsx)", options=options)
        if fileName:
            df = pd.read_excel(fileName)
            df['result'] = df['title'].apply(lambda x: self.analyze_sentiment(str(x)))
            sentiments = df['result']
            results = Counter()
```

```
            for sentiment in sentiments:
                if sentiment > 0.6:
                    results['positive'] += 1
                elif sentiment < 0.4:
                    results['negative'] += 1
                else:
                    results['neutral'] += 1

            #显示情感分析结果
            self.label.setText(f"正面新闻：{results['positive']}，负面新闻：{results['negative']}，
中性新闻：{results['neutral']}")
            self.df = df

        def saveFile(self):
            '''
            下载文件，将分析结果保存为 Excel 文件
            '''
            options = QFileDialog.Options()
            options |= QFileDialog.DontUseNativeDialog
            fileName, _ = QFileDialog.getSaveFileName(self, "保存文件", "", "Excel 文件
(*.xls *.xlsx)", options=options)
            if fileName:
                self.df.to_excel(fileName, index=False, engine='openpyxl')

    if __name__ == '__main__':
        app = QApplication(sys.argv)
        ex = App()
    sys.exit(app.exec_())
```

上述代码使用 PyQt5 库创建 GUI 界面，包括标签和按钮等。情感分析程序界面如图 9-15 所示。程序定义了一个名为 App 的类，该类继承自 QWidget 类，并定义了初始化界面的函数 initUI()、情感分析函数 analyze_sentiment()、

打开文件函数 openFile()、保存文件函数 saveFile()等。在 openFile()函数中，程序通过调用 SnowNLP 库的函数对文本数据进行情感分析，并使用 Counter 库计算情感分析结果。最后，程序将分析结果显示在前端界面中，并将结果保存为 Excel 文件。

需要注意的是，该程序是一个简单的情感分析工具，只能用于处理 Excel 文件中的文本数据。如果要进行更复杂的情感分析，需要使用更专业的工具和算法。同时，该程序可能存在一些 Bug，需要进一步完善和优化。

程序定义了 analyze_sentiment()函数，用于计算文本的情感倾向，该函数使用了 SnowNLP 库。SnowNLP 是一个 Python 库，用于中文自然语言处理。它可以用于完成中文文本的情感分析、文本分类、关键词提取、文本摘要等任务。SnowNLP 使用一种基于概率的统计方法来处理文本，它利用了机器学习中的隐马尔可夫模型和朴素贝叶斯分类器，通过对大量的中文文本进行训练，学习中文自然语言的语法、语义和情感倾向。SnowNLP 库的使用非常简单，将文本传入 SnowNLP 的构造函数中，即可得到文本的情感倾向值，情感倾向值接近 1 表示正面情感，接近 0 表示负面情感。

openFile()函数用于打开文件对话框并读取 Excel 文件，在前端界面中展示情感分析结果。该函数先打开文件对话框，并使用 pandas 库的 read_excel() 函数读取文件内容；然后对文件中的每个标题（title）进行情感分析，并将结果保存在一个名为 df 的 pandas DataFrame 对象中；最后使用 Counter 类对情感分析结果进行统计，并将结果展示在界面的标签中，如图 9-16 所示。

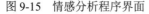

图 9-15　情感分析程序界面　　　　图 9-16　情感分析结果

saveFile()函数用于下载文件，将分析结果保存为 Excel 文件。该函数先打

开文件对话框并设置保存的文件名和格式，然后使用 pandas 库的 to_excel()
函数将分析结果保存为 Excel 文件。

最后，程序使用 if name == 'main' 判断其是否运行在主程序中，并创建一
个 QApplication 对象和一个 App 对象，运行程序并等待事件处理完成。

9.3.3　舆情可视化展示

舆情可视化展示是金融舆情分析应用的重要组成部分，可以使用户直观
地了解当前的舆情趋势和情感倾向。

在金融舆情分析应用中，舆情可视化展示包括以下方面。

（1）情感分析图表：通过对舆情数据的情感分析，将数据按照情感倾向
进行分类和统计，用户可以直观地了解舆情事件的情感分析结果，从而更好
地把握市场趋势，如图 9-17 所示。

	read	comment	title	author	renew	link	result
2	655	6	开源证券给予贵州茅台买入评级	贵州茅台资讯	04-19 09	/news,600	0.555351
3	91	0	开源证券维持贵州茅台买入(Buy)评级 预计2023年净利润同比增长17.85%	公司研报提示	04-19 09	/news,600	0.268212
4	598	0	贵州茅台4月18日现1705.26万元平价大宗交易	贵州茅台资讯	04-19 07	/news,600	0.047247
5	92	0	贵州茅台04月18日获沪股通增持20.24万股	贵州茅台资讯	04-19 07	/news,600	0.190881
6	89	0	贵州茅台: 融资净偿还1.1亿元,两市排名第七 (04-18)	贵州茅台资讯	04-19 07	/news,600	0.038049
7	2764	30	大象起舞！中国移动超越贵州茅台成新"市值一哥" 能保持吗？	贵州茅台资讯	04-18 20	/news,600	0.930984
8	1546	0	贵州茅台现2笔大宗交易 合计成交0.97万股	贵州茅台资讯	04-18 19	/news,600	0.018466
9	1070	3	贵州茅台获沪股通连续4日净买入 累计净买入9.71亿元	贵州茅台资讯	04-18 19	/news,600	0.754467
10	154	0	民生证券给予贵州茅台推荐评级 预计2023年净利润同比增长18.66%	公司研报提示	04-18 18	/news,600	0.36873
11	1496	11	民生证券给予贵州茅台推荐评级	贵州茅台资讯	04-18 18	/news,600	0.641833
12	145	0	万联证券维持贵州茅台增持评级 预计2023年净利润同比增长16.16%	公司研报提示	04-18 18	/news,600	0.470358
13	345	0	大宗交易: 贵州茅台成交1705.26万元,成交均价1758.00元 (04-18)	贵州茅台资讯	04-18 17	/news,600	0.053011
14	1111	6	茅台集团一季度主要生产经营指标超预期增长	贵州茅台资讯	04-18 10	/news,600	0.986354
15	1192	15	财通证券给予贵州茅台买入评级 吨价弹性稳步释放 营销体系创新谋变	贵州茅台资讯	04-18 10	/news,600	0.994607
16	134	0	财通证券维持贵州茅台买入评级	公司研报提示	04-18 10	/news,600	0.248929
17	3409	29	中国移动市值盘中首次超贵州茅台 A股市场需要新形象与新坐标	贵州茅台资讯	04-18 08	/news,600	0.93634
18	1392	9	洲际净利润增速19% "股王"争夺战被中移动超越	贵州茅台资讯	04-18 08	/news,600	0.970484
19	138	0	贵州茅台04月17日获沪股通增持15.5万股	贵州茅台资讯	04-18 07	/news,600	0.125967
20	692	3	贵州茅台: 一季度集团主要生产经营指标稳定增长	贵州茅台资讯	04-18 07	/news,600	0.986935
21	104	0	贵州茅台: 连续3日融资净偿还累计2.13亿元 (04-17)	贵州茅台资讯	04-18 07	/news,600	0.496636
22	3519	22	茅台集团: 一季度集团主要生产经营指标稳定增长	公司研报提示	04-18 07	/news,600	0.968759
23	133	0	华安证券维持贵州茅台买入评级 预计2023年净利润同比增长16.8%	公司研报提示	04-17 20	/news,600	0.289321
24	3226	26	股价创新高！中国移动取代贵州茅台成A股市值"一哥"	贵州茅台资讯	04-17 19	/news,600	0.959061
25	215	1	广发证券维持贵州茅台买入评级 目标价2361.05元	公司研报提示	04-17 19	/news,600	0.758186
26	205	0	中信证券维持贵州茅台买入评级 目标价2314元	公司研报提示	04-17 19	/news,600	0.956423
27	123	0	信达证券给予贵州茅台买入评级 预计2023年净利润同比增长19.18%	公司研报提示	04-17 17	/news,600	0.217467
28	1422	20	信达证券给予贵州茅台买入评级 超预期开局 坚定全年信心	贵州茅台资讯	04-17 17	/news,600	0.795428

图 9-17　情感分析图表

（2）关键词云图：将舆情数据中出现频率较高的关键词按照重要性进行
可视化展示，用户可以直观地了解当前舆情事件的核心话题和关注点，关键
词云图如图 9-18 所示。需要注意的是，在生成中文关键词云图时需要准备中
文字体，否则会导致生成结果乱码。

图 9-18　关键词云图

9.4　习题

1. 单选题

（1）在 Python 中，以下哪个库最适合进行金融数据分析？（　　　）

A. NumPy　　　　　　　　　B. SciPy

C. pandas　　　　　　　　　D. matplotlib

（2）在金融分析中，以下哪种图最适合用于显示股票价格的波动情况？

（　　）

A. 散点图　　　　　　　　　B. 折线图

C. 柱状图　　　　　　　　　D. 饼图

（3）在金融分析中，以下哪个指标最适合用于衡量股票风险？（　　　）

A. PE 比率　　　　　　　　　B. 市净率

C．Beta 系数　　　　　　D．派息率

2．判断题

（1）Python 中的 NumPy 库是用于进行数据可视化的工具。（　　）

（2）线性回归是一种用于预测金融数据的常用方法。（　　）

（3）在金融分析中，技术分析是一种基于基本面分析的方法。（　　）

3．简答题

（1）ChatGPT 在金融分析中的应用有哪些？

（2）与传统的基于规则的方法相比，使用 ChatGPT 进行金融分析有哪些优势？